我们一起解决问题

心理咨询入门与提高丛书

曲　丽◎著

自体心理学
临床实战手册

人民邮电出版社
北　京

图书在版编目（CIP）数据

自体心理学临床实战手册 / 曲丽著 . -- 北京 ：人民邮电出版社，2024. --（心理咨询入门与提高丛书）.
ISBN 978-7-115-65598-1

Ⅰ . B84-065

中国国家版本馆 CIP 数据核字第 2024UW3037 号

内 容 提 要

　　自体心理学，从狭义来讲，可以被理解为科胡特所创立的针对自恋疾患的一种精神分析技术。从广义来讲，自体心理学可以被理解为帮助临床工作者理解人类内心世界的普适心理学。当我们与来访者工作时，我们总是会好奇他是一个什么样的人？他为什么会这样？他如何发生改变？而此过程无法脱离对其自体状态的感知和理解。我们甚至可以这样说，只有在体验层面理解来访者的内在世界，咨询师的干预才能真正发挥效用。本书正是基于帮助咨询师更好地理解来访者的内心世界，并给予其恰到好处的干预这一目的而创作的。

　　本书共分为两个部分，第一部分主要呈现自体心理学的理论框架，包括自体和自体客体的概念，自体心理学的病理学和治疗原理，理论框架与临床思路等内容；第二部分侧重于临床实践，包括自体心理学的基本功，初始访谈、评估与诊断、个案报告，以及临床工作的具体过程和对工作难点的突破等内容。

　　本书适合所有对自体心理学感兴趣的心理学研究者和实践者使用，阅读本书，你将走进自体心理学的世界，从作者十余年的临床经验中汲取精华。

◆　　　著　　曲 丽
　　责任编辑　黄文娇
　　责任印制　彭志环

◆ 人民邮电出版社出版发行　　北京市丰台区成寿寺路 11 号
　　邮编　100164　　电子邮件　315@ptpress.com.cn
　　网址　https://www.ptpress.com.cn
　　固安县铭成印刷有限公司印刷

◆ 开本：720×960　1/16
　　印张：16　　　　　　　　　　　　2024 年 12 月第 1 版
　　字数：220 千字　　　　　　　　　 2025 年 10 月河北第 4 次印刷

定　价：79.00 元

读者服务热线：**（010）81055656**　印装质量热线：**（010）81055316**
反盗版热线：**（010）81055315**

推荐序一

首先，我要感谢曲丽所著的《自体心理学临床实战手册》，这本书内容丰富，非常有用！对中国的许多心理咨询师来说都是无价之宝。

自体心理学的创始人海因茨·科胡特于 1981 年去世，从那以后，自体心理学的理论和实践以及围绕这一精神分析新模式的创新思想传遍了全世界。

20 世纪 80 年代，我在纽约市接受精神分析训练时，对自体心理学产生了兴趣。尽管我接受的是传统的训练，但我觉得自体心理学的思想和应用是我所遇到过的最真实、最有效的临床实践方法。毕业后，我找到了所有我能找到的与自体心理学相关的阅读材料，进行咨询实践并获得了督导。后来我加入了在纽约成立于 20 世纪 80 年代的主体间自体心理学培训和研究中心（The Training and Research Institute for Intersubjective Self Psychology, TRISP）。几十年来，我们致力于主体间性系统理论和自体心理学的理论与实践的整合，并建立了行之有效的主体间自体心理学的工作模型，通过举办长期的培训班以及组织工作坊和阅读小组，我们已经培训了几代精神分析师。我参加了许多会议，与世界各地的同道交流探索，并在我的文章和书籍里加以阐述。最终，作为国际精神分析自体心理学协会的国际机构的负责人，我管理着世界各地的自体心理学组织。在这个过程中，我遇到了中国的分析师和培训机构，他们对自体心理学有共同的兴趣。我很高兴地发现，有许多治疗师和专业机构渴望学习自体心理学，并在中国推广这种方法，这是非常令人兴奋的！

因此，当看到曲丽开始为中文读者创作她自己的关于自体心理学的书籍时，我感到非常兴奋。尤为重要的是，曲丽不仅翻译了自体心理学的语言，而且阐释了自体心理学的哲学和临床方法。让我解释一下。

海因茨·科胡特最早的发现是共情是获得精神分析知识的主要工具。尽管精神分析的思想和概念是有用的，但当你和来访者坐在一起试图理解和帮助他们时，只有你走进来访者的内心深处，才能真正地了解他们，这是让来访者感觉被理解和被重视的方式。曲丽明白这一点，她将共情置于她的新作《自体心理学临床实战手册》的核心，这是一个重要的贡献。太多的学生和年轻的咨询师专注于学习精神分析的思想，他们忘记了来访者不是靠想法来应对自己的生活，他们是在感受着各种经历、渴望和恐惧。正如曲丽解释的那样，咨询师可能会被概念所引导，但当他们进入来访者的体验时，必须与他们一起感受，第一手了解来访者的自我体验是什么样的，以及作为一个独特的、有情感和内在动力的活生生的人是如何感受的。只有当咨询师"从内到外"掌握了来访者的经历，来访者才会感到被了解和理解。

曲丽理解自体心理学理论，同时她也知道什么时候应该把想法放在一边，倾听来访者的意见，和他们在一起，而不是试着应用自己的想法。她向坐在咨询室里的来访者敞开心扉，去了解"成为他们"是什么感觉。这是我在中国读到的最好的共情实践模式。曲丽以"从内到外"的视角理解主体间性，她致力于用这种共情方法教学和督导咨询师，这一点很打动我。

这本手册也精彩地介绍了自体心理学的许多核心思想。它涵盖了所有的基础：自体、移情、反移情、自体客体经验、主体间性、发展的前缘与后缘。但正如上面提到的，这些概念被转化为治疗关系中的体验，最重要的是，这些概念可以帮助我们理解来访者的体验。

最后，《自体心理学临床实战手册》不仅对咨询师很有价值，而且对督导和培训的实践也很有用。读者会感受到作者如何致力于培养她的学生，这使得她的新书成为临床实战的宝贵指南，为自体心理学取向的咨询师提供了专业和有效的指导。

——乔治·哈格曼

《创造性分析：艺术、创造力和临床过程》和

《精神分析的新发展：主体间自体心理学》的作者

推荐序二

RECOMMENDATION

在弗洛伊德最后一位弟子哈特曼于美国去世后，科胡特就是美国最后一位来自欧洲的精神分析经典传承的维护者。科胡特 1981 年去世，这标志着美国精神分析相对于欧洲精神分析的独立运动的开始——关系性精神分析就在 1982 年开始了发展。虽然我们不能把科胡特在 1981 年的去世与 1982 年的关系性精神分析运动直接关联在一起，但这的确反映了美国精神分析独立发展的变化。

自体心理学的诞生，除了科胡特本人的贡献之外，很大的推动力其实来自科胡特所组建的芝加哥小组的年轻分析家同行，他们中如史托罗楼（主体间性系统理论创始人）、伯纳德·布兰德查夫特（主体间流派的早期创始人）、约瑟夫·利希滕贝格（动机系统理论创始人）、谢恩（自体心理学家）等后来赫赫有名的当代精神分析家，都对自体心理学在科胡特去世后走向关系性精神分析立场起到了巨大作用，同时也对科胡特发展出自体心理学这样的学派产生了重要影响力。所以在今天，当我们提及当代自体心理学时，需要明了的是，当代自体心理学并不是科胡特临床思想的简单延续，而是科胡特及其同行共同作用下产生的关系性精神分析潮流之一。

《自体心理学临床实战手册》是曲丽老师的精进之作。她从科胡特的自体心理学出发，整合了主体间性自体心理学、关系性精神分析的视角，并结合自己的临床实践经验创作了这部自体心理学作品。说是实战，我阅读下来发现其实理论和实战都有所涉及。在作品中，读者可以看到当代美国自体心理学的观点发展，并可以在阅读中学习到这些观点及其支持下的实践技术，例如主体间性、动机、前缘与后缘等，这些都是对实际临床工作而言十分精彩且有意义的概念和技术。

但是在自体心理学中，我们还是要回到对共情的关注，在科胡特使用共情一词时，他会更多使用共情 - 内省一词。这体现在科胡特的《内省、共情与精神分析：对观察方式和理论之间关系的检验》（1959）、《内省与共情：关于它们在精神分析中角色的进一步思考》（1968）、《论共情》（1981）、《内省、共情和心理健康的半弧》（1981）等作品中。科胡特对共情 - 内省的看重，是精神分析认识论的问题，同时也是精神分析功能的问题。共情 - 内省除了是精神分析家需要具有的核心心理能力和素质，也是需要在精神分析过程中协助来访者通过自我理解和接纳发展的核心心理能力和素质。所谓共情 - 内省，科胡特在《内省、共情与精神分析：对观察方式和理论之间关系的检验》一文中阐述了此精神分析方法的核心，即弗洛伊德曾经提及的，与视觉性意象等相关的内省性心理过程。例如当我们在倾听他人说话时，作为倾听者的我们在前意识过程中会出现一幕幕视觉性意象，这些涉及讲话者的精神现实的作用。而在此基础上所发动的主位的体验贴近（理解）与体验远离（诠释）的过程构成共情 - 内省的全部，它也促进了来访者内部的共情 - 内省功能的发生。这一过程结合了自我体验和自我反省两方面意识功能，并同时发生在讲话者与倾听者彼此之间和彼此内心世界中。

当然，这种共情 - 内省在当代自体心理学的主体间学派及美国关系性精神分析运动中是有继续讨论的余地的，即共情 - 内省是否包括了来自双方的心理内容的共同影响，而不是那么纯粹单一性的，分析师是否会因为自己人格组织的独特性在共情 - 内省中投入到这一影响和被影响的临床过程中，这一问题的确是值得探究的。本书对此也进行了一定程度的探索，包括引用了当代自体心理学的一些评论和观点，这些是十分有意思的。

经常有人将科胡特的临床工作误解为是回避冲突的，其实这是错误地理解了科胡特关于临床过程的观点。科胡特及其后继者发展理论的过程中始终带着情境主义视角，也就是对于具体问题要结合当下情境来理解和回应。在本书中作者提及了朱尔·米勒在其回忆性作品《科胡特是怎样工作的》中指出，科胡特认为首先应该以一种"直接"的方式看待分析材料，而不是首先去寻找隐藏的意义（过早的体验远离，用理论来理解来访者），却忽略了简单和更明显的意义（体验贴近的意义），例如在一个案例中，有着同性恋倾向的男性来访者在某次咨询中提前了一个小时到达，并意外地发现等候区坐着一位年长的男性来访者，他感到震惊和焦虑，于是去了附近的书店翻阅有性感图片的画册，他的感觉是兴奋的。分析师认为来访者通过画册中有强壮肌肉特写的图片修复与分析师的理想化连接，以抵御遇到另一位来访者带给他的断裂感，并认为来访者提前一个小时来是造成这种局面的原因（分析师认为来访者很清楚时间，提前来是有意为之，并将责任推给分析师，好像是分析师在抛弃他，导致了他的混乱）。科胡特当时同意来访者试图连接理想化部分的解释，但他不同意另外一个部分，他相信来访者提前到就是非常渴望见到分析师。分析师在下一次咨询中修改了之前的诠释，并强调了来访者提前到达背后强烈的愿望是早点见到分析师，而不是试图"制造"挫败感。听了分析师的第二种说法，来访者显然松了口气，觉得这比之前说的要正确得多。

自体心理学作为精神分析发展的重要一支，其当代发展与科胡特时代相比已经发生了很大的变化，同时发展和引入了大量科胡特之后的自体心理学观点以及美国当代关系性精神分析取向的视角。而曲丽老师的这部作品，对这部分有许多着重阐述，并且提供了她在中国工作的临床经验，所以对那些想了解自体心理学在当代发展的心理咨询师及相关从业者来说，本书是一部很好的促进临床学习及反思的作品。

——徐钧

上海市心理学会临床心理与心理咨询工作委员会主任

中国心理卫生协会精神分析专业委员会常委

华东师范大学心理与认知科学学院（外聘）心理咨询方向硕士生导师

南嘉心理咨询中心创始人

前言
PREFACE

做一名能走进来访者内心的咨询师

为什么要写这本书

我和许多咨询师一样，在从业之初被心理学的魅力所吸引，但随着职业生涯的深入逐渐意识到咨询工作的不易，这些年我投入大量的精力，疲于在理论学习、个人成长、临床实践、培训督导之间奔波，而心理学的流派众多，常带给我雾里看花的感觉。

当我们把学习到的理论知识运用到咨询工作中时，常常会觉得自己说对了但对来访者却没有帮助。这让我不断思考：理论建构从何而来？临床工作的思路又是什么？培训督导如何传授经验让咨询师有信心理解来访者？这其中一定蕴含着共通的心理学规律，我确信有一个清晰可行的途径，能让咨询师真正明白精神分析的解释从何而来。

当我在研读自体心理学的文献时发现，即使跟随自体心理学的创始人科胡特学习的学生也会遇到同样的问题——咨询师在循着理论的框架给来访者做出解释时，来访者承认你说得有道理但却觉得没什么帮助。而在督导中，科胡特讲得深入浅出，一下就点出了来访者的需要，似乎他自己工作时运用的并不是

1

他的理论而是另外一种东西，我意识到这正是我们需要学习的，打通理论与实践壁垒的工具——共情。

当我学习了足够多前辈的经验，比如人的各种自体客体需要，我发现需要我做的并不是把这些结论告诉来访者，而是让他们感受到这些无意识的需要一直存在，它们如此重要，自己的痛苦与这些无意识渴望和冲突密切相关。而我需要与来访者一起完成这个探索过程，也就是说，我无法直接给他们答案，而是需要真正经历来访者的痛苦之旅，和他们一起发现痛苦背后的需要。这是另一条路径，有难度却可以走得通的路径——体验。

我开始尝试以体验的方式理解症状，并在体验中询问自己。例如，我的内心中是什么让我疑病？我在担心什么？为什么要不断地告诉周围的人我有问题？我体会到我不想听到别人的劝慰和安抚，而是想知道是否有人愿意问我是什么感觉，是怎样的一种难受，以及联想到了什么。我更想靠近内心的烦乱，因为那里似乎总有一种说不清的恐慌。我发现这种体验式的尝试很有帮助，尽管没那么快得出答案，却让我与来访者靠得更近，我发现他们开始愿意和我分享他们的体验，而不是急于消除那些症状。当我们更靠近了彼此，讨论的便不再是症状带来的困扰，而是痛苦——内心深处更重要的东西，那些隐藏在症状之后的根本，即自体客体需要。

当将这种我称之为"从内到外"的工作路径运用到督导工作中时，我的信心大增，原来每位咨询师都可以在放下理论的包袱时和他们的来访者靠得很近啊。当我们在督导中不急于解决来访的问题而是与他们一起体验时，来访者的痛苦变得清晰可见，而在痛苦的体验中，渴望会"冒"出来，它们可能是被在乎、被承认、被允许、被欣赏、被喜欢。我意识到当咨询师运用这种体验感受的方法与来访者工作时，一项精神分析的重要活动发生了——移情。

以上经验不只是我个人的经验，而是几十年来自体心理学家共同实践的结果。如今，这些以共情为精神分析工作基础的思路早已成为很多咨询师的工作习惯。体验让咨询师和来访者一起不断丰富对人类痛苦和需要的理解，并建立起因理解而治愈的信心。我们努力的方向不再是苦读多年掌握理论，而是对人类感受和体验的了解与领悟，这让我们有信心信任自己，信任来访者，并在感受中学习前辈的经验。我想这就是心理学最初吸引我们的东西，我们应该相信我们原本拥有理解彼此的桥梁——感受。

以上经历与思考促使我写作此书，与读者分享自体心理学带给我的深刻视角以及工作中的重要启示。

以体验的方式学习心理学

写作得益于我每天持续不断的体验式工作，我不想以抽象的方式描述概念和原理，而更愿意带着感受讲述我对自体心理学的理解。这里也有我对读者的期待，即我们可以一起体验人类的心理世界，而不是被灌输某些概念和结论。因此对这本书的阅读很可能是沉浸式的，尽管离不开思考，但更多地需要读者进入体验，并通过体验获得理解。

虽然这是一本关于心理咨询实践的书，但我仍然想把自体心理学的主要思想介绍给大家，也就是说先帮助读者弄明白心理痛苦的本质是什么，心理治疗的原理是什么，治愈是怎么发生的，有哪些工作框架和思路。

因此在本书的第一部分，我会结合上述目标呈现**理论框架**。

首先，在第一章，两个重要的概念"自体"和"自体客体"将以新的面貌出现，也就是说，它们不会再"躺在"文字里，而是需要我们调动体验，在心里与它们相遇。我们将在动机中发现自体——自主性——那些一直存在却可能被忽略的人类重要的心理内核；在体验中感受自体——自体感——那些主宰我们却无法被清晰描述的重要体验；在关系中确认自体——自体经验——那些人类一直寻求并蕴含治愈本质的核心经验。

第二章也将以新的视角看待精神病理学，我们不再侧重于"从外到内"的工作路径，例如学习症状、人格类型和表现并总结其心理学规律，而是以"从内到外"的工作思路，将病理学的原理视为"精神痛苦形成的原因"，这意味着我们不再被动接受某些"科学的"结论，而是需要调动体验，进入人的内心深处感受那些难以言表的痛苦。这将根本地改变咨询的工作思路，我们将不再把我们学到的结论解释给来访者，而是与他们在互动中一起体会和描述那些无意识里的精神之痛。

在第二章我们还会看到对自恋的体验式解读，从这个自体心理学的核心象征视角还原人类对彼此关系中情感连接的渴望。我们也会以感受的方式学习两种重要的移情——前缘与后缘，在案例中了解如何找到工作的主线——自体客体需要，并完成心理治疗的过程。在这一章我们会看到自体心理学和主体间性系统理论对病理学理解的异同，这会为读者学习后面的临床实践打好基础。

在第三章中我们将看到在自体心理学框架下对无意识的解读，无意识不再是抽象的理论建构，而是在关系中生动的呈现；反移情不再被割裂到一边，而是作为理解的重要线索，以此来寻找在关系中激活的欲望、恐惧和羞耻，让我们在感受的切换中和关系的远近中体会到各种无意识表达，从而完成理解。

这一章将以如何找到工作主线来介绍工作思路，即如何在叙事的意识主线下发现和切换到另一条隐藏的无意识主线，并重点学习打通无意识通道的工具——情感的金线。同时了解自体心理学工作的几个重要原则：维护自体感的稳定、自始至终的共情以及保持前缘视角。

从第四章开始将进入第二部分——**临床实践**。首先我们会了解到，共情是指向无意识的工作，即通过对感受的不断体验来获得意义，从而完成解释与回应。解释不再是高难的技术，而是蕴含情感的理解；解释也不再是咨询师以单向的视角工作，而是和来访者共同完成的水到渠成的自然结果。这一章还介绍了主体间性系统理论对共情的重要补充——情感安住，即如何慢下来等待和逐渐进入以及安住在那些咨询师也会躲开的糟糕体验，而这个过程恰好是咨询中突破僵局的关键。除此之外，我通过具体的案例片段介绍了如何倾听与展开，如何解释与回应。

第五章我将介绍自体心理学的工作框架，初始访谈的侧重点不是收集表面的基本信息，而是以共情为原则听出这些信息背后的东西。评估工作的视角也会不同，它不再是远离情境和体验的抽象的概念化，而是围绕几个重要的原则，包括在动机水平上做出评估、关注来访者对自体维护所做的努力，以及在自体客体情境下做动态评估。我们会在具体的案例中了解到如何在更深的维度，比如来访者的痛苦、自体感、自体客体需要（来访者的渴望）等维度做出自体心理学评估。在个案报告的介绍中我们可以看到，自体心理学的案例报告侧重于对互动中的无意识主题的关注、对主体间互动中的情感线索以及体验深度的把握。这无疑会为督导工作中咨询问题的呈现提供更有意义的素材。

第六章将会进入具体的临床工作过程，这一章会介绍如何围绕关系变化找到工作的核心主题。工作不再是被动的跟随，而是在找到工作思路后对未来的工作方向和节奏都有所把握。此外，我们会在具体的案例中学习如何判断工作的位置以及如何在互动中调节。咨询师将不再刻意地保持中立和共情，而是更自如地靠近体验，让咨询双方的无意识流动，并将错位作为理解的机会。在之后的案例中我们也会了解到如何在前缘与后缘的生动变化中不断切换，直到咨询双方在互动中更加信任彼此，共同发现那些重要的无意识主题。

第七章会着重介绍如何突破工作中的难点，即大部分长程咨询中常见的僵局阶段。自体心理学的视角将不再困于来访者的阻抗或咨询师的反移情这种单人视角，而是将僵局视为理解的机会。僵局意味着有重要的无意识主题需要通过深入的互动来探索，从而突破以往的无意识重复，这需要咨访双方的共同努力。

第七章还包括有关创伤工作的介绍。我们可以看到，自体心理学对体验和关系的重视加深了我们对创伤的理解。当咨询过程中咨询师更靠近来访者无法独自进入的体验，尤其在创伤激活的动荡中及时地回应时，关系就有了本质的改变，从而使创伤的治愈成为可能。

在最后一章，我对督导工作中的常见问题进行了总结，比如缺少工作框架和思路、难以把握工作的节奏和深度，以及不知道怎样展开和对反移情的困惑。

写作本书时，我常常回到咨询时那些难忘时刻，在此我也希望读者在阅读时可以和我一起经历这个体验之旅，可以感受到人的痛苦并看见人们内心深处的渴望。

目录

CONTENTS

|第一部分　理论框架|

| 第二部分　临床实践 |

| 第一部分 |

理论框架

自体心理学发端于经典精神分析，经历了四十余年的发展后，已经成为关系的精神分析学。简而言之，虽然它的目标同样是研究和治疗一个人的精神痛苦，但却是在双元关系的框架下来完成的。清楚这一点很重要，因为在进入正题之前我们需要知道，自体心理学不是用任何知识来教你怎样理解一个人的内心世界，而是强调个人的参与（体验）在理解过程中的重要性。因此理解本书中提到的任何经验或结论，都需要你的体验的参与，你需要不断地提出类似的问题："人在什么情况下会这样想、这样做？"

　　阅读本书就是一次体验之旅。虽然几乎所有的理论都由概念和原理构成，但我想说自体心理学是通过共情的实践活动而构建的，它的结论首先需要每个学习者有过被理解的体验，然后才能去应用它。而被理解是一种深度体验，它们总是触及并揭示了一些我们平时感受不到却很重要的东西。

　　这种体验式学习方式也许最初让人感到不习惯，但它却符合心理学的根本特质，我们需要通过感受才能走进精神世界。一旦找到了体验的路径，相信你会发现理论不再是知识，而是你可以驾驭的让人听得懂的语言。

第一章

自体与自体客体

自体概念经过后科胡特时代的发展已经不再是一个描述心理结构的概念，而是代表一种在自体客体环境中的真实体验，因此我们在当代文献中已经较少看到这个词的独立存在，而通常是一些词组，比如，自体状态（self-state）、自体经验（self-experience）、自体感（sense of self）、自主性自体（agentic self）或自主性（self-agency）。

这种变化让学习者不再纠结于抽象的概念，以及以一种一元视角（单人视角）来研究自体，而是以一种体验的方式来感知自体的存在及其发展规律。这其中更重要的是单人视角向双元视角的彻底转换，即对自体的理解是对自体在自体客体经验下的理解，这从本质上决定了一个咨询师的身份定位——咨询师将作为一个自体客体经验的重要元素参与整个理解过程，而不再是一个依据理论和技能来完成探索和解释的旁观者。

同样，对于"自体客体"的解读也从聚焦概念回归到关注真实的体验，文献和交流中也通常不再单独使用"自体客体"这一词汇，而是更多使用自体客体经验（selfobject experience）、自体客体移情（selfobject transference）、自体客体功能（selfobject function）、自体客体回应（selfobject response）、自体客体情境（selfobject context），等等。

　　从心理学视角意识到一个人的存在有两种方式，一种是通过观察，另一种是通过体验。所有通过观察所获知的被称为心理现象，比如情绪、行为，而通过体验所获知的是对心理现象的理解，即意识到一个人的存在意味着知道其心理现象背后有一个驱动力存在，这个驱动力也被称为动机或意图。换句话说，理解意味着我们可以感知到一种内在动机的存在，而不理解往往意味着我们还无法"看见"内在动机。

　　内在动机通常处在更深的层次，指向的是驱动一个人思考和行动的精神世界的核心。而所有的理解必须触及这个层面才能完成，也就是说，心理学要探索的是"为什么"（动机）的问题，而"是什么"（心理现象）只是理解问题的线索。例如，虽然我们可以用"投射性认同"来描述一个人的内在机制，但我们需要回答的是一个人在什么情况下、在哪种内在状态下才会启动这个心理机制，而回答这个问题仅仅靠观察是不够的，还要通过体验即共情。这里暂不做展开，我想在此申明的是启动体验将是学习心理学的一个必经之路和目标所在。心理学概念不得不以抽象的词汇呈现，而我们真正需要的是在体验中获知其意义，而不是更多地通过思考来学习和掌握它们。

　　"自体"的概念会让我们遇到这样的困难——越用抽象的词汇解释它，它就越难以理解，因此我们看到自体心理学的创立者海因茨·科胡特（Heinz Kohut）本人一再强调他既不想也难以为"自体"下定义。想必他尽管需要借助概念和原理来建构自己的学说，但他的本意一定是让我们学习怎样"懂"一个人而不是照本宣科。作为学习者，我们也只有体验到"自体"的存在才会在实践中运用它，我们从自体心理学家那里学到的根本也正是怎样通过共情达到理解的目的。

第一节　在动机中发现自体——自主性

动机及其运作的机制

每个人都有自己的意愿，在不同的情境中根据自己的想法和感受来行动。通常，一个人疲倦时会休息，饥饿时会寻找食物，满足时会感到开心，失败时会感到失落，被迫时会感到不悦。这些行为和体验的产生几乎不需要思考，它们自然地存在着，并主导着我们的决定和感觉。

我们将这个因内在动机而自发地启动思考和行为的自体称为自主性自体。

本书所呈现的动机理论来自美国自体心理学家约瑟夫·利希腾贝格（Joseph Lichtenberg）的动机系统理论。利希腾贝格致力于通过观察母婴互动来完善对人类动机的探索，这与弗洛伊德最初基于对病人和自身的观察来推衍动机不同，他的观察使他不再以人的内在冲突来解读动机，而是以一个发展的视角来看待动机。**动机的本质特征不是冲突，而是自主性，即动机既有内在驱动的原发性，也有来自关系互动中自发调节的相对性。**

冲突只是调节失败的结果，是一种暂时的状态，动机总是驱动一个人尽可能地在互动中保存愉悦感，并通过调节将自体修复到相对稳定的状态，因此对一个人动机的理解在于是否感知到其自主性的需要并为其保留了足够的空间。

这里的动机理论强调的是一个动态运作的系统，动机不是一个静态、单向并导向内在冲突的精神存在，而是一个在具体的情境下与某人互动时随时变化的存在。动机的运作机制带有自主性特征，在驱使个人寻求满足的同时也在不断地推动其做出调节以保持自体存在的稳定感。

这里所隐含的重要视角是：人的渴望是动机获得满足还是动机保持自主

性？换句话说，内在痛苦是因未获得心理满足而形成，还是因失去了动机自主调节的自由度而形成？这个视角如此重要，因为它几乎决定了精神分析的最终取向。

满足 – 冲突模型虽然可以解释部分心理现象，但会让我们相对悲观以及陷入治疗的局限中，因为其假设"如果期待未被满足，就会动摇依恋关系"。而自主性的保持视角（理解 – 自主模型）将治疗导向一种不同的关系视角，在此会将理解作为治疗的根本，它相信人可以更自如地由动机驱动并最终得以发展，这种对个体自主能力的信任让我们对关系更乐观。通俗地讲，我们不会再因为一个人无法获得满足而悲观地认为这是他痛苦的宿命，而是信任一个人的内在动机在被理解和允许下，可以相对自由地决定做什么样的选择，从而保持精神上的安宁和满足。

显然这种**理解 – 自主模型**会让我们有更大的空间去审视心理活动。在理解之下（对待渴望的态度有可能是承认和允许而不是满足），即使不满足也不会动摇关系，所谓的冲突并非必然带来无意识的压抑。

接下来我们来了解动机系统包括什么以及如何运作，从而将视野扩充到关系中自体的自主性是如何发挥作用的。下面是五个独立存在又可以互相转化的动机系统。

- 基于生理需要的心理调节动机系统（生理动机）
- 依恋 – 归属动机系统
- 探索 – 坚持动机系统
- 感官和性欲动机系统（感官动机）
- 厌恶动机系统

基于生理需要的心理调节动机　这个动机是维持有机生命体存活的基本动机，比如饮食、排泄等生理需要，以及对舒适环境的基本需要。

依恋－归属动机　依恋动机的核心是情感连接，是人类获得存在和价值确认的重要驱动力，换句话说，它促使你渴望在他人的回应中获得令人愉悦的确认、允许、赞同、欣赏，并因此让愉悦的体验放大和保持。归属动机是指与更大的群体，比如家族、一群同龄的伙伴、其他团体组织等建立情感连接。归属动机驱动一个人去认同某些人并建立密切关系，从而获得彼此分享所带来的愉悦感以及被引领和支持所带来的力量感。

探索－坚持动机　当一个人对周围的世界好奇并试图完成某些任务时，会需要他人的陪伴、支持和认可，从而获得胜任感和价值感。在互动过程中，个人的需要变得多元且复杂，可能是支持和肯定，也可能是耐心地陪伴和引导。

感官和性欲动机　感官愉悦是指人们通过视觉、听觉、嗅觉、味觉、触觉获得满足感，性欲也是感官满足的一部分。与生理动机类似，它们都是从身体的某种需要出发，但生理动机更基础，而感官和性欲动机的满足会让一个人变得丰富和完满。

厌恶动机　当上述四个动机无法正常运作时，人就会进入厌恶动机系统，这是一种以"我不愿意、我不喜欢"来表达的动机。在厌恶动机的驱动下，人会趋向于敌对或撤回。这种状态是暂时的，它只是对于无法获得愉悦体验的一种抵抗，目的是减少不愉悦的体验或试图找机会回到愉悦的体验当中。

下面我们通过动机运作的特征来了解自体的自主性存在。

动机运作的特征

动机运作的首要特征是获得尽可能多的愉悦感

愉悦感有不同的层次，是一种与舒适、快乐有关的连续体验，从安全、平静、舒服到满足、开心、兴奋。相反，非愉悦感从不安、烦躁、不舒服到厌恶、恼怒（见图 1-1）。对于不同的人来说，愉悦感可能来自完全不同的情境。例如，获得荣誉会令一个人感到开心，却使另一个人感到不安；一个人会在努力中获得更多的满足，而另一个人却很可能会感到厌恶和停止努力。

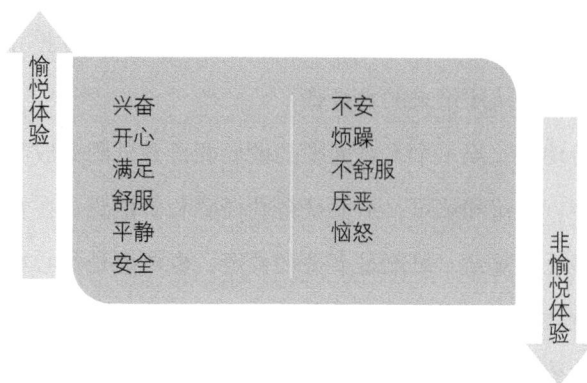

图 1-1 不同层次的愉悦感

在自主性未受到干扰和破坏时，一个人会信任自己的感知力并根据感受来自行调节。比如兴趣下降或感到劳累后可能启动厌恶动机，从而停止游戏或学习；也可能为了获得更大的愉悦体验在遇到困难时保持好奇心和耐心，在探索–坚持动机的驱动下最终获得成就感。在这种情况下，一个人的内心是安宁的，他知道如何尽可能地保持愉悦感，虽然这种愉悦体验的程度会有变化，但他可以通过自主能力不断地自发调节，即使没有获得即刻满足也不会丧失内在的稳定。

每个人都本能地了解自己的需要，可以自发地驱动自己的想法和行为，以获得愉悦感及避免或减少不愉悦的发生。

动机的嵌入性特征

对体验的感知和判断是非常个性化的，这取决于历史与情境两个要素——

以往的经验和当下的条件。

一个人的存在方式永远都是嵌入到某种情境当中的，即一个人的自主性如何发挥作用取决于其在早年互动关系中的自主性自体被理解和允许的空间大小，并逐渐形成了基本的模式。**因此人们在面对同一情境时会运作不同的动机**。例如，当机会来临时，有的人选择尝试并将失败的体验作为经验的积累，而有的人选择放弃并在原来熟悉的空间里保存稳定感。

嵌入性是指一个人的精神世界与他生活的情境密不可分，这使人们形成了独特的自主性自体。正是这种情境的差异化带来了理解的难度，当我的动机运作来自我所嵌入的情境，而我暂时无法进入到另一个情境当中时，我将无法理解另一个主体的内在世界里发生了什么。因此，要想让来访者拥有自己的感知力和判断力并相信它们在有效地发挥作用，需要咨询师改变视角并启动体验，来到不同的人生情境中。

例如，咨询师在早年的养育中更多的体验是被忽略的、缺乏回应的，因此他可能以为来访者是渴望在表述后获得回应的，但可能他的来访者在早年是被过度保护和关注的，来访者更渴望在咨询中有更多的空间，由自己来探索体验，因此咨询师的回应有时是必要的，有时会让来访者感到被打断或被干扰。

动机的运作具有自主性特征

动机的运作常常处于无意识状态，一方面，我们不需要刻意地解读自己的动机再采取行动；另一方面，当动机无法获得理解和允许时，动机会借由防御机制进行伪装，让我们自己也无法意识到自己的想法和行为背后有什么动机，然而，看似无意识的动机却是自主性发挥作用的结果（见图 1-2）。

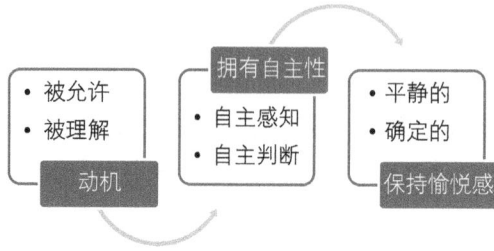

图 1-2　自主性在动机运作中的作用

自主性意味着一个人具有感知力和判断力。对这种能力的承认、认可和信任，会让一个人拥有自由的空间，让其在不同的情境中根据自己的判断获得相应的愉悦满足。

这种信任意味着一个重要的治疗视角，即心理治疗的目标是尽可能地让一个人的动机驱动恢复自由的状态，即保持自主性。当一个人被允许自主感知与判断时，他将根据自己当下的自体状态及内在对愉悦感的需要自如地转换自己的动机。

当一个人的自主性被否定、替代、剥夺，让他感到自己没有能力主宰自己的感知和判断，无法信任自己时，他就会因此感到焦虑，这种焦虑来源于他试图保持他人的认可，以避免失去稳定感和确定感。如果一个人认为无论怎么做都无法保持与他人的连接，那么他可能会几乎放弃自己的自主意识，从而陷入抑郁当中（见图 1-3）。

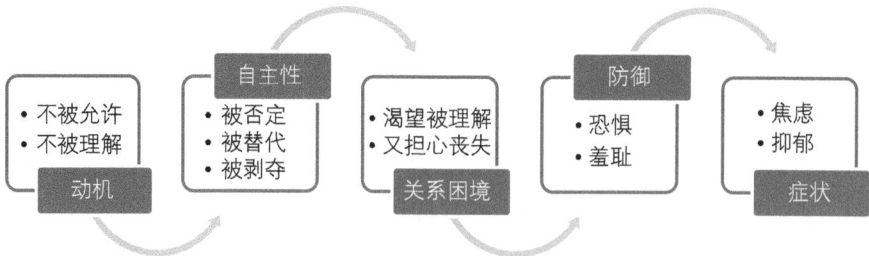

图 1-3　自主性的丧失导致的问题

自主性的丧失将使一个人失去愉悦体验并易于陷入恐惧和羞耻当中，他会怀疑自己是否具有选择的权利以及正确的判断力。如果一个人因为坚持自己而被他人否定、排斥甚至嫌弃，就会激活恐惧和羞耻体验，认为自己做错了并感到内疚和不安。这将形成一种关系困境：为了保持关系所提供的情感连接——不被否定和抛弃——进而要割让自主性并感到痛苦。

动机的双向运作特征

动机并非仅仅聚焦个体单向满足的欲望，而是一种内在驱动和互动调节的双向运作。动机既是人的精神世界的本源，也是在关系的互动中自动调节的结果。例如，一个孩子正在游乐场里快乐地玩耍，而此刻父母感到劳累告知其要回家了，尽管他意犹未尽，但并未吵闹而是同意了父母的要求。这意味着他在乎父母的感觉，并以依恋动机为主导而放弃了探索－坚持动机。从中可以看出他的自主能力在发挥作用，他选择更多地保存与父母的依恋关系，而不是通过玩耍获得快乐的满足。

人类对愉悦体验的误解来自单人视角，即认为如果不被满足，人就会进入挫败和对抗之中，只有再次获得满足才能回归到愉悦体验中。这种单人视角的根本问题是对另一个在关系中存在和运作的主体动机的忽视，例如，在上述例子中，父母终止孩子的玩耍并未让关系处于对抗和冲突当中，在双元视角下，父母需要休息的生理动机得以保存。

挫败与对抗往往出现在一个人的动机被另一个人的动机的运作忽视或破坏时，此时，人们有可能因体验到对方的拒绝而判断对方是不喜欢自己的，自己在提出需求时是令人讨厌的。而双元视角意味着互动发生在两个有各自动机驱动系统的人之间，当其中一方在动机驱动下的表达获得理解和回应时，意味着另一个人处于依恋动机的正常驱动当中，即双方处于情感连接的关系中；而当另一个人的某种动机无法正常驱动时，双方的情感连接处于断裂的状态。

这时动机就会自动调节到以依恋动机为主的驱动，这种对依恋关系的保存既可能来自担心关系断裂所带来的不确定感，也可能来自对其他动机在未来仍可以获得满足或理解的渴望。

因此我们可以得出这样的结论，自主性自体处于动态平衡当中，它既由内在动机驱动，也在互动中自主地调节。

这个结论提示我们，对自主性自体的理解才是工作的根本，来访者需要的不是单向的满足，而是一段让他可以表达和被理解的可靠的依恋关系。这种在互动中可远可近的空间感提供给来访者充分的自主性，也让咨询师在暂时未能理解来访者时同样保存自主性，不至于因效能感的消失而陷入无能的反移情当中。这种彼此的信任意味着来访者相信自己的内在动机最终是可以被理解的，并信任咨询师的理解需要时间和空间，而不是在不被理解时动摇彼此的关系。

动机需要在回应中获得确认，而不仅仅是满足

利希腾贝格认为所有的动机都需要被回应，这里的回应——基于共情性理解的丰富性——不限于满足而是指更多元的理解。**完整的回应包括三个层次：满足、认可、承认**（见图 1-4）。这样的区分来自不同动机的特性以及在互动中的观察。对于那些维持基本生存的动机以及在依恋－归属动机中对亲密感的渴望，无疑需要非常确定的回应，即满足；对于那些需要获得支持的动机，比如探索－坚持动机中对欣赏和认同的渴望，则需要更多的理解，而不再是简单的满足；而对于一些个人的差异化的体验，需要的是一个被允许的空间，比如感官和性欲动机、厌恶动机，它们需要的不再是被认同，而是需要被允许存在。

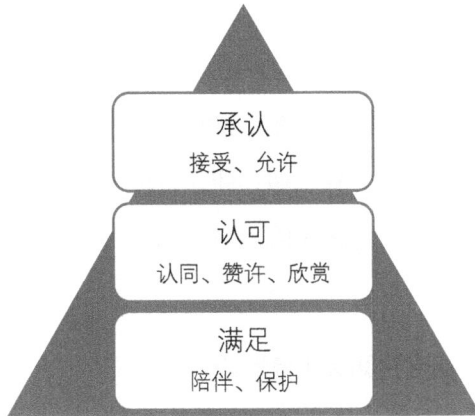

图 1-4　对动机回应的不同层次

显然，这个动机理论的框架更为复杂，这将作为精神分析中解释工作的补充，尤其可以丰富治疗关系中的体验，我们将不再局限于解释，而是在丰富的体验中感知来访者当下对关系不同层次的需要，并在共情的基调下进行询问和回应。

在这个复杂的回应模型中我们可以发现自体的自主性特征，当一个人无法生存时他会以最强烈的表达方式寻求满足从而得以生存；而在探索和发展中，人们会以中等程度的表达方式来获得确认，往往在这个过程中自主性自体已经获得了相当确定的体验，但需要另一个人的确定性反应来巩固自己的感知与判断；而对于一些个性化的体验比如与众不同的偏好，则允许他人不认可，但需要允许其存在的空间。

例如，同样是处于离婚进行时的来访者，其动机却可能完全不同。对于非常害怕丧失关系并陷入恐惧的来访者，回应应更趋于满足的位置，即通过支持性的回应支撑其自体的稳定；对于在婚姻关系中渴望被看见和欣赏的来访者，回应应更趋于认可和赞许的位置；而对于对婚姻形式有不同的体验和看法的来访者，需要咨询师给予其差异化的承认和允许。

自主性意味着动机需要不同的回应而不是简单的满足，咨询师需要对丰富的动机有足够的体验和了解，才能对来访者的自主性自体有真正的理解。

因此在临床工作中，我们需要根据来访者的动机类型来呈现相应的工作位置，这将让来访者体验到自主性空间，即在自主性的驱动下获得允许和自由，而不用担心关系的丧失或自主性被剥夺。

了解自主性自体运作规律的意义

动机运作的规律是在最大程度上让一个人保持愉悦体验，并寻找和获得更丰富的愉悦体验。人们会在愉悦法则下通过转换动机而尽量地保存关系，通过关系互动尽量获得更多的愉悦感，而不是一味地获得满足。当无法获得满足时，人们并不是简单地陷入冲突中，而是发生动机的转换，并在不同的动机驱动下保持相对的愉悦感，从这个角度看，动机运作的结果并非一定让关系对立。

这让我们重新考虑病理学、治疗过程以及治疗的最终意义。

病理学

如果一个人的动机始终无法获得理解，也没有实现的可能，同时他又担心丧失依恋关系所提供的必要的稳定感，他将陷于自主性丧失的痛苦境地之中。换句话说，他陷入了"既要又怕"的两难境地，失去了保存自我和表达自我的能力。例如，一个既向咨询师诉说自己的委屈又否认父母不爱自己的来访者，即处在这种境地当中，他失去了恢复愉悦体验的能力，充满了焦虑、不安，同时也缺少一个安全的空间使自己在互动关系中得到修复。从这个角度看，精神痛苦的病理学是动机驱动受阻和互动调节的缺乏。

咨询师要做的正是去理解这种自主性的自由空间的缺乏或丧失，并提供一种新的关系体验，让一个人在遇到困难时有空间和时间度过危机，而不再陷入一种不安。这种不安既源于对自身的胜任感和价值感的不确定，也源于对被评判和被指责的恐惧，以及害怕因此失去他人的认可、喜欢和信任。而治疗恰恰始于一种对自主性的信任，这种治疗观意味着我们相信一个人的快乐来自他不用过度担心失去他人的信任，而且有能力自主地选择和完成他愿意并有能力做的任何事情。

治疗过程

可以说治疗的意义在于帮助来访者自如地发挥自主性，不再陷入"既要又怕"的两难境地。因此咨询师既要了解来访者的动机，也要了解他们如何以及为何失去在"要"与"怕"二者之间切换的**弹性空间**，尤其当在叙事以及互动中捕捉到来访者因某种丧失所产生的恐惧时，咨询师要明白，来访者会因恐惧而减少触及和表达自己的需要，这本质上是对动机的保存。当他们无法确定与咨询师的关系是否可以替换原来的不安全关系时，他们将不会放弃这种保存动机的努力。

咨询工作中的错位往往与咨询师缺乏对自主性自体的了解有关。咨询师最初的回应往往来自自己在相应情境中的经验。但这与来访者的动机未必匹配。那些更渴望靠近并获得支持的来访者更多地处于依恋动机的驱动中；而那些想保持一定的自我空间（以保存自主意识）的来访者却更多地处于探索 – 坚持动机的驱动中。

一个在严苛的养育环境中长大的来访者，在遇到婚姻中的冲突时更难确认自己的需要并真实地表达，他的自主性更多地处于受限状态，并以表面的让步来避免在冲突中可能遭遇的更多的自主性丧失。而咨询师可能处于不同的自主性水平，在对自己与来访者的差异有所觉察的情况下，咨询师将会理解对方对自主性保存的需要，这种允许而不是干预的工作姿态将让来访者感受到自主性在新的关系中有更多的空间感，进而才会有更多的表达。

因此治疗过程将从关注自主性自体如何发挥作用入手，并在互动中与这种自主性联动，即在理解下允许和支持来访者的这种努力，而非陷入一种单纯的防御视角。当我们可以在关系中让自主性更多地发挥作用时，移情才能展开——来访者可以逐渐激活对被理解的渴望，不会因担心重复性地经历被否定和被质疑而退缩。

自主性自体发挥作用的一个特征是一个人可以在不同的动机系统间自如地切换，这意味着回应也需要在不同的位置切换。对于一个在咨询初期自体感脆弱的来访者而言，可能启动的是一种寻求理想化安抚与支持的依恋动机，但当来访者的自体感逐渐增强时，他就可能拒绝这种支持而转向探索－坚持动机，这时他更需要的是一种陪伴、看见或适度的引导。

关注咨询师的内在动机变化同样成为理解咨询过程的重要线索，这显然拓宽了反移情的探索视角，互动不良与另一个主体的动机运作受阻有关。咨询师在工作中的主要动机是探索－坚持动机和依恋动机，而这些动机常常被来访者渴求快速解决痛苦的急迫所打断。

治愈的可能来自咨访关系中更大的互动空间，当咨询师并不否认自己的需要，也承认自己暂时无法理解和帮到来访者，让彼此的关系有更多的可能性存在时，来访者将不再重复以往的畏惧（在这些畏惧中，来访者总是担心咨询师是讨厌自己的或者自己是错的），这将打破投射性认同的重复，使咨询师与来访者在更真实的互动中允许彼此的动机存在，共同承担和面对那些不安的部分。

治疗的最终意义

自体心理学将自体客体需要作为自体发展的病理学和治疗理念的核心，而自体客体需要由无数个渴望被理解和接纳的瞬间组成。这些瞬间由动机驱动，因被理解和支持的关系而被促进，从而使自体得以凝聚、稳固和发展。尽管这种理想的状态是不存在的，但人际关系困境的突破并不在于是否可以将关系修复到理想状态，而是在于在无法获得理想状态时是否可以保持对彼此的信任，通过互动获得理解和允许，而不必担心自体发展的需要会破坏依恋关系，从而为此付出情感的代价。

从这个角度看，治疗的最终意义是咨询师在关系中允许和理解来访者动机的自由驱动，和他们一起识别每个时刻的体验背后的动机，并从愉悦感的保持和期待的角度，在体验中找到理解的桥梁。当一个人相信他的意愿可以存在、可以被理解和被允许，而不会为此感到羞耻和恐惧时，他将重获孩童时代对未来的好奇和信心，以及与人真实互动、深度连接、稳定且有弹性的关系。

因此，治疗不是简单的解释或回应，而是在深度体验中随着来访者自主性自体的变化而觉察到对方的位置和需要。

这里的位置是让来访者感觉到你留给了他选择的空间，这不是说我们一直处在中立和被动的状态，而是说在你和来访者一起体验他的渴望与不安时，无论他怎样反应，你都会关注到他的变化，并做同调的回应，让他感觉到被理解和允许。

同时，对于自体客体需要的变化同样需要觉察并做出回应。当代自体心理学更倾向于认为自体客体需要是一个连续过程的完整体验，而不再是某些结构化的需要（科胡特的三极自体模型），它是一个人在动机驱动下的时时刻刻的体验，有时需要支持，有时需要陪伴，有时需要分享，有时需要等待，有时需要看见，有时需要欣赏，有时需要好奇，有时需要讨论，有时需要允许，有时需要质疑。而咨询师的工作不再局限于探索自体结构或发展缺陷，而是在互动中与来访者一起体验动机的变化所呈现在关系中的需要，并对这种需要进行确认、回应。

这里讲到的工作恰恰是在当代自体心理学和主体间性系统理论中临床工作的重点，即前缘与后缘的切换以及情感协调（更多有关前缘与后缘的内容详见第二章），这里有后继者对科胡特思想的延承，也有主体间性思想的贡献以及两个思想的彼此交融。我们会在后面的章节里了解到具体的临床工作过程。

理解的新途径：从关注动机出发

即使是有经验的心理工作者也会感到理解一个人的心理世界是一件不容易的事。我们看到的一个人的外在与其内在真实状态总是有差异的，尤其令人困惑的是你无法了解导致这种差异的原因。比如一个不快乐的人会否认他的孤独，一个缺少关爱的人却在关系中选择付出。很多理解工作会被各种防御所挡住，而试图解释或突破防御往往是徒劳的，用干预的方式让一个人被动地做选择更是枉然。

那些表面配合的来访者往往在你还没有反应过来时已经以各种行动化来回应你的无效尝试，而这很可能是他在关系中一贯的应对策略，即在不被允许和理解时的自主反应。精神分析工作最终总是指向无意识，而无意识的核心是人的动机，我们需要在表面现象的掩盖下找到它们（见图1-5）。

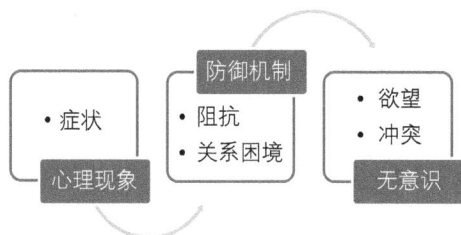

图 1-5 "从外到内"的理解线索

设想，如果可以了解一个人的意愿，那么我们是否可以尝试一种新的理解途径呢？即从关注主体的意愿和动机出发，通过体验了解其内在感受，进而解读其外在表现——各种心理现象。当明白了背后的原因——动机，我们就不会总是被现象困扰，并能够将理解性的回应作为工作的切入点。这将提供给来访者完全不同的体验，我们不再像他周围的人那样反应，而是在明白他的内在状态以及了解其自主性如何发挥作用的前提下，认同或允许他可能的想法和做法。

这是一种不同的工作思路，这种思路一开始就以共情的姿态关注来访者自己没有意识到的内在需要，并时时刻刻以此为原则来调整工作位置。这显然会为来访者提供一种新的体验，治疗将不再从成长史的背景调研、人格水平和症状的评估等"从外到内"的路径分段、逐级展开，而是"从内到外"地在一个心理核心的位置向外延展，而这种体验式的、共情的、关注无意识需要的视角正是当代自体心理学的重要特征（见图 1-6）。

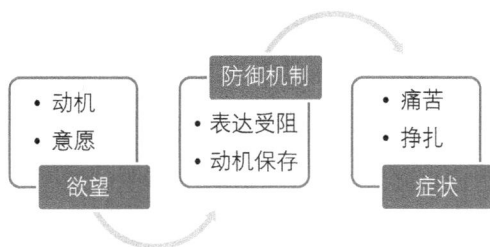

图 1-6　"从内到外"的理解线索

让我们先来大致了解这种理解的发生过程。简单地说，意愿即愿意或不愿意，尽管我们不会主动意识到意愿的存在，但它们无时无刻不在最核心的位置来主导我们的想法和行为。心理痛苦的本质是一个人无法安心地允许自己的意愿存在，从而在不得已中失去了自我空间和各种发展的可能性。因此对于意愿的关注及信任是一个本质的视角，而一旦关注意愿，我们将会发现心理现象的规律。

我们来试试"从内到外"推演一个人的心理活动。设想一个人需要努力完成一个任务，比如写一篇文章。当他感到兴趣盎然和精力充沛时，就会持续工作并感到愉悦；而当他感到劳累或没有思路时就会试图暂停工作，让身心得到放松和休息，并希望得到周围人的理解和安抚，直到再次有兴趣或有思路，才会回到工作中，并被完成目标的成就感所驱使，直到完成任务。

我们通过图 1-7 来看看这个动机运作的过程。

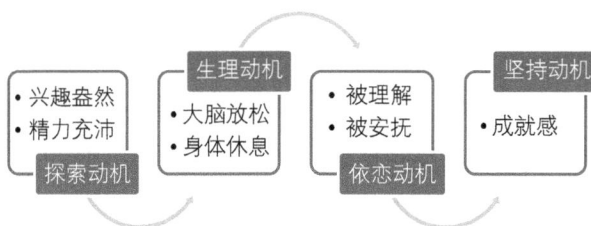

图 1-7　动机运作的过程

如果这个过程有一个自然发展的时间线，即一个人可以在不同的时间节点由动机自如地驱动这个过程，由自己来决定做什么、做多久、做或者不做，那么就可以保持连贯的愉悦体验。然而这个过程通常不是孤立完成的，而是可能会因某种原因被干扰或打断。由于不同的人有不同的工作节奏和需要，当团队成员各自的动机运作的节奏和类型有差异时，一些人动机的自如运作就会受到扰动。我们通过图 1-8 来模拟动机运作被扰动后的变化过程。

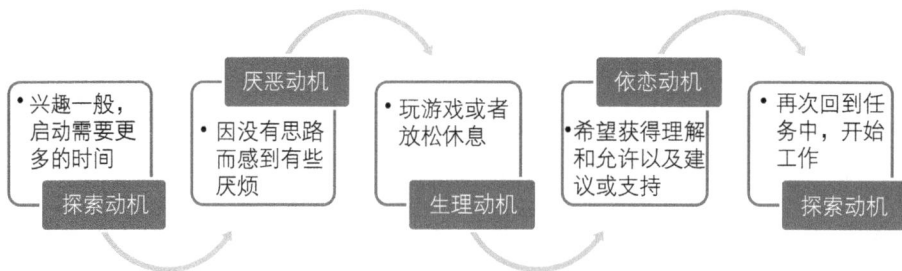

图 1-8　动机运作被扰动后的变化

显然这个过程没有那么顺利，如果动机被干扰，如不被理解或担心被评判，愉悦体验就会被打断，人们会产生各种羞耻和恐惧，并不得不采用各种防御机制来减少这些痛苦的体验，比如合理化——任务太无聊、我需要休息等，以减弱无能感或比别人差等羞耻体验。动机运作被干扰后的内在体验见表1-1。

表 1-1　动机运作被干扰后的内在体验

动机	表现	内在体验	痛苦
探索动机下降	兴趣一般	懒惰、无能	羞耻
厌恶动机启动	没有思路	厌烦	焦虑
生理动机启动	玩或休息	畏难、逃避	羞耻
依恋动机启动	希望被理解、允许、支持	担心令人失望或被嫌弃	羞耻和恐惧

我们对比一下在自主性主导动机驱动和自主性被干扰这两种情况下一个人的内在有哪些差异。

第一种情况，一个人明白自己的需要，也维持着内在的愉悦体验，而且感到被理解和允许，因而内在是放松的，他可以直接表达在各种动机驱动下的心理感受，比如，"我感到很有兴趣""我累了需要休息放松""我觉得自己是被理解的""我感到有耐心可以坚持完成任务"。

第二种情况，当动机受到扰动时，人的内在是紧张和压抑的，他会担心是自己有问题，比如，"我太慢了""我懒""我的能力太差了""我太令人失望了"。我们可以发现，所有这些感受都是与愉悦感相悖的，而这个人很可能无法意识到自己在设法减少不好的体验。在被催促、要求、侵入式地帮助中，他所有的动机都会被打乱，无法正常地驱动自己，无法在自主调试中找到解决问题的思路和节奏。

综上所述，这是一种"从内到外"的关注意愿进而完成理解的新途径。这种新途径会让我们获得一种新的思路去看待眼前的来访者，无论他的症状看上去多么严重，你会始终带着下列视角。

他希望怎样？

他的需要到底是什么？

他此刻的感受是怎样的？

为了保持愉悦，他会希望怎样？

这种工作思路并不意味着我们会绕开防御，而是选择相信一个人在关系中需要保持有自由度的自主体验。你会更多地去体会对方此刻的内在需要是什么，干预会引起他内在怎样的变化。如果在互动中他可以不用过度地担心自己的选择会丧失他人的信任、认可或承认，而是有信心被内在的动力驱动，去当下他好奇的、向往的、有能力去的地方，并被允许阶段性地处于停顿的、防御的状态，直到拥有自如的调整空间，那么他内心的愉悦体验就会保持基本的连续性，即获得所谓的健康状态。

对防御的积极性理解

我们知道，尽管来访者感到痛苦，但他的内在并不是一个没有自我判断的主体，而是一个无法正常发挥自主性的主体，这种虽然感到有需要但又无法信任自己、担心在关系中被否定的内在状态正是需要首先被理解的。

例如，一个向你抱怨被领导误解并感到委屈的来访者，如果你建议他试着向领导表达，他可能会表面上表示可以试试，但你不能忽略他的反应背后的不安——对向领导表达的不安，以及对于如果不接受咨询师的建议可能带来的张力的不安。事实上他的内在恰恰是胆怯的、自卑的，因此只能向咨询师以抱怨的方式来表达，而你误以为他能够在咨询中表达不满意味着他也有力量向领导表达。

我们会看到咨询初期来访者需要与咨询师保持一定的距离，即使那些看上去很无助的来访者，他们也希望由自己来掌控表达的内容、深度和节奏。类似的情况在咨询中期也会经常出现，比如非必要的请假或缺席，甚至终止咨询，这常被解读为一种防御。然而防御并不是动机失效的表现，而是对动机的无意识保护——在未确定可以被理解时只表达安全的部分。这提示我们来访者在某种程度上失去了对自我意愿存在的确定感。

例如，一个处在离婚过程中的来访者，他可能正处在犹疑当中，既希望有人在乎自己的需要，又担心被评判。他需要一个空间来理清自己的愿望与害怕之间的关系，他希望可以自如地做决定。因此咨询师需要了解在婚姻中他的体验、意愿和担心，以及在向咨询师表达时所采用的方式。

以往我们视之为防御的反应往往是一种自主性发挥作用的结果。尽管有时看上去咨询师的分析探索发挥着作用，但来访者的内在可能完全是另一番光景。在日后的互动中我们总会发现来访者的自主性发挥作用的蛛丝马迹，那些被我们称之为阻抗的东西，恰恰是一种等待被理解和看见的表达。

防御虽然可以被看作一种病理性表现，但在关系视角下，它们却能为自体的稳定提供必要的保护。可以说，每个人都知道自己想要什么，但当不断地被否定、被忽视或剥夺时，他们不再信任自己，并且不得不把精力消耗在维持关系的连接上。

评估自主性自体的意义

虽然症状和防御机制是评估所关注的重要内容，但在以共情性理解为主的工作框架下，它们更多地被看作了解自体状态的线索，而对自主性自体的评估将使咨询师对它们有更深刻的理解。当我们可以理解自主性自体的运作规律时，将会更容易了解症状和防御的内在机制。而这个视角的积极意义是让我们不在表面工作（如对症状的干预或者停留在对防御机制的不解当中），而是在更核心的位置工作——在动机系统驱动的自主性自体的视角和位置工作。

我们知道，当自主性被限制甚至被"篡改"或剥夺时，人会产生痛苦的体验。 而当咨访关系还无法形成足够的理解性情境时，来访者的自主性一定会以受限的形式存在，这提示着这种以防御为主的自我调节恰恰是需要被首先识别出来并得到承认和理解的。防御并不需要某种解释来穿透，而是一种提示，提示来访者可能在关系中失去了自主性。某种程度上来说，对防御理解的视角转化意味着咨询师看见了来访者防御下面的无意识渴望。

如果对防御机制的差异有所识别，咨询师就会在一定程度上发现来访者自主性的差异。那些使用相对成熟的防御机制的来访者，比如压抑、情感隔离、理智化、合理化等，他们的自主性的完整度相对较高；而那些采用相对不成熟的防御机制的来访者，比如投射、否认、行动化等，他们的自主性自体被破坏的程度相对较高。对自主性差异的识别，帮助我们调整到更恰当的位置去工作，既保存来访者的自主性又信任和调动其自主性。

对自主能力的发现、信任以及修复和发展越来越得到当代自体心理学家的重视，而对自主能力变化的不间断评估，也成为评估移情和疗效的重要视角，以及进入工作僵局阶段时觉察和反思的重点。人们发现咨询师所做的是让来访者的动机在互动中再次被看见、承认，进而让这些动机不断地显现出它们的意义，并让来访者相信自己的渴望可以被允许，从而由这些动机来驱动自己获得愉悦体验，并最终获得推动自体发展的力量。

自主能力所呈现的是一种成为自己的自由度，它让一个人可以根据自己的意愿和能力更加自如地选择自己的生活，无论发生怎样的起伏、挫折，都可以对关系保持一种可修复的信任，保持对自我可恢复和发展的信任，有更多获得时间和空间的可能性，而不过分担心被某种不确定感带来的焦虑所裹挟。

第二节　在体验中感受自体——自体感

我们从精神世界的本质了解到自体以自主性的各个面向而存在，在承认这种存在之后，我们需要通过某种途径来感知自体的存在。这个过程非常重要，它会让一个人感受到你如此地靠近他的内在，即使他还无法清晰地表达那些他无法意识到的、重要的、有意义的、与内在需要紧密相关的自体状态（自体感）。因此，找到表述这种内在状态的语言非常重要，它们并非简单地通过逻辑推理或经验累积就可以获得，而是深刻体验（共情）后的结果。

什么是自体感

学习自体心理学的过程让我们发现，如果从书本上以概念的形式了解自体，那么我们多半会通过理性的思考，以一种抽象的方式来解读自体，而这种解读很难被直接应用到工作中。我们知道心理学为了便于理解，会借助于物理学、地质学等学科的概念来描述心理现象，这会让我们通过一些空间感来想象心理世界是怎样的。但这种方式也带来一个问题，即以结构化和相对静态的方式来解读心理过程。

同时，我们也会遇到另一个问题，那就是个体之间缺乏方便交流的语言，包括同行之间以及咨询师与来访者之间，我们仍然需要一种更贴近心理感受的语言来描述自体的内在状态。

尽管科胡特以结构化的三极自体来描述自体的构成，并试图尽可能地概括出自体的含义——自体是人类启动中心，具有动机力量去寻求自身特定行动程式的实现。但他也一再声明他并不想用某种抽象的概念来定义自体，并前瞻性地预言除了三个自体客体需要以外，大家还会发现更多的自体客体需要。这意味着自体会在各种关系中体验到丰富的自体经验。他意识到心理世界与量子力学的平行关系，认为"观察的手段与观察的目标构成一个单位，……本质上是不可分的。"因此最初的自体心理学中已经孕育了一个动态的、非线性的自体雏形，即自体感（自体状态）或自体经验是在关系中随时变化的、多元连续的体验。

自体感的特征

自体感的第一个特征是它的整体性。它反映的是一个人的内在是由各种因素——各种感觉和认知——共同联动后的整体结果。自体感和一般的单一感受是有差别的，感受通常是相对容易描述的、具体的、外在的，它们更容易通过感知觉被体验，而自体感是一种整体的、内在的、不易描述的体验，它与感受相关，但又不是感受本身，而是一种由相对稳定的、更长久的、更有决定性意义的感受汇集后的综合体验。例如，一个人感到恐惧，可能会紧张或身体紧缩发抖，行为上可能会退缩，认知上缺乏对他人的信任，等等，而自体感是这个人的整体内在状态，我们会用脆弱、无力等词汇来描述这种综合体验。

自体感的第二个特征是它的本质性。它表达了一个人内在世界的关键特性。在临床工作中我们会发现，来访者即使感受到非常强烈的痛苦感，依然难以用语言将其描述清楚。而咨询师可能会陷入大量的描述性信息中，被事件、人际关系、情绪感受所包围，难以理出头绪，但它们都与最深处的自体感相关，我们需要的是从这些信息中找出线索，穿透层层迷雾，看到那些本质的东西。例如，一个人表述他感到孤独、受排挤，怎样努力都难以获得认可，我们需要进入到体验来感受这些描述中所包含的综合体验，解读出它们背后的自体感指向一个人的存在感与价值感。

自体感的第三个特征是它的概括性。一方面它提示着一个人的精神世界的活性（vitality）与空间，另一方面它意味着自体的某些重要维度所代表的意义。

这里的活性与空间是指一个人在某种自我认可度下自体发挥作用的可能性，它象征着自信程度、对自我意愿的确认度、在各种关系和事件中内在情绪和感受的弹性空间，等等。活性与空间的状态提示着在以往的互动关系中所形成的基本模式，因此它提示着一个人特有的应对环境的策略。例如，来访者说他并不需要和他人太亲近的关系，这可能意味着他在通过保持距离来获得较多的自由度，同时也因此缺乏必要的情感表达。自体感的重要维度是指自体感的各种具体呈现，这些呈现是我们了解自体状态和自体发展的重要线索，例如，当我们用存在感来描述自体状态时，理解的重点指向一个人被关注、在乎的程度。具体内容会在后文"如何描述自体感"中详细讲解。

自体感的第四个特征是它的可变性。自体感虽然具有相对的稳定性，但随着情境的变化，自体感会因激活了一些相应的内在因素而产生变化。这些变化既反映在自体感的强度维度上，比如自体感会变得虚弱甚至濒临崩解，也会反映在重要的特性维度上，比如当一个刚刚辞职的来访者被问及辞职的原因时，他可能会讲述很多工作令自己不满意的部分（此刻他的自体感是基本稳定的），但进一步去确认因此带来的感觉时就会激活他一些内在不好的体验——由被要求、被批评所带来的价值感动摇。而辞职这个行动意味着这种动摇的强度（经受批评所带来的自体感变化更趋于脆弱的位置）使他不得不以离开的方式来缓解环境所带来的无法耐受的不稳定感。

如何获知自体感

自体感处于内在世界更核心的位置，因此我们在日常交流中并不会直接描述自体感。在咨询中，获知自体感的过程意味着需要穿透表面的防御，这本就是精神分析最根本的工作——靠近无意识的世界。而自体感的本质性特征决定了我们需要在来访者呈现的各种语言和非语言信息中把握它，理解那些决定性的内在特质，并将其描述给来访者。

然而，这种获知与反馈的过程并不能通过直接询问和回答完成，它是在自体–自体客体这一段双元互动关系中多次地切换与碰撞、远离与再次沉浸，不断地从不解、困惑到若有所感，再渐渐到达领悟的过程。其中的重要线索是咨访双方相似的或有差异的甚至相悖的感受。在体会这些感受的同时，咨询师需要进入一种混杂着身体的、情绪的、认知的内在体验，逐渐在体验中觉察其中重要的主题线索及来访者自体感的强弱变化，并可以用适当的语言描述它们，到达彼此共同认同的理解的位置。也可以说，对自体感的理解过程就是一个共情的过程。

有时经验会帮助我们较快地找到自体感的线索，而且我们很可能获得正确的结论，但我们仍然无法省略上述互动过程。因为重要的并不是我们将自己对来访者的理解告知对方，而是要和来访者一起经历理解他体验的过程，让他感受到在他无法说清自己的痛苦以及自己与内在世界的关系时，有人愿意靠近他，愿意陪他一起感受，并一起去体会那些复杂的、不清晰的、带来动荡不安的体验，在互动的关系中完成从未有人与其共同完成的过程。

这里对互动过程的强调正是当代自体心理学的重要特征，"双元"在强调两个主体的密不可分，"互动"在强调完成理解的过程是双向往复的。尽管我们知道这一点，但在完成的过程中常常会陷入一元视角（单人视角），"一元"是指咨询师主体没有启动体验，是置身事外的，以客观观察和调动知识经验的方式工作，因此往往陷于空泛的解释。一方面来访者会感到这个解释是对的，但不知怎么来的，无法确认咨询师就是在说自己；另一方面，如果没有进一步的展开和互动，咨询师往往会感到不知道还能说什么而停滞在那里。事实上，咨询师很可能还未准备好去体验那些糟糕的感觉，而这让来访者体验到某种关系的重复。

在双元互动的体验中，来访者会不断地触及感受，并在陪伴、看见、回应的关系中更多地呈现出自体状态的变化。尤其当触及一些糟糕的感觉时，来访者的自体感会无力支撑体验所带来的变化，而如果咨询师可以一起进入体验，就会更理解防御的意义，当你明白来访者背后的感受有多么糟糕时，就会看见和支持他为维持自体稳定所做的努力，而不会在局外分析和猜测。

咨询师在不能理解来访者时往往缺乏体验，越分析越想不通，因为此刻你很可能在通过以往的经验解读来访者。而你真正需要做的是去他的世界里看看发生了什么。

获知自体感的大致过程如下。

• 进入情境：丰富情境内容
• 启动体验：通过感知觉获得感受
• 形成自体感印象：将丰富的感受汇聚在一起，在体验中找到意义的线索

我们通过一个案例来看看这个过程。

案例 1-1 --

　　个案处在一个特殊的平台期，来访者在两周前提出结束进行了一年的咨询，咨询师感到突兀，但来访者说自己挺好的，没有什么可聊的了。咨询师意识到咨询卡在了某个地方，来访者无法说更多，咨询师也无法找到工作的位置。经历了督导之后，咨询师感觉来访者在谈论的事件中经历了一次挫败体验，并迅速地回到了防御之中，甚至不愿意再在咨询中触碰这些糟糕的感觉。事件是当来访者向一位之前很认可自己的朋友吐槽自己在工作中的辛苦和老板的严苛时，朋友却不理解自己，还分享了很多职场经

验，这让来访者感觉自己是一个很糟糕的人。来访者表达自己开始讨厌这个朋友了，但无法再谈论具体的感觉。而在下次咨询时，来访者不再谈论这件事，说没什么的，都过去了，之后就提出了结案。咨询师坦言自己还不够理解来访者，希望可以一起努力，来访者同意继续咨询。

在下一次咨询里，来访者无法开启话题，而咨询师很希望回到以前可以谈感觉的状态，于是说："还有很多内容可以接着聊。"来访者说了另外一件事，她和新来的一位同事在一起感觉不错，因为对方和她谈论一些她感兴趣的话题让她很舒服。咨询师产生了被否定的反移情，并问来访者："你觉得我不够关心你吗？"来访者回应："是，你不知道我需要什么！都是我在努力，你啥都没做！我这么努力不应该得到肯定吗？我怎么知道应该谈什么？"这时，来访者开始流泪，咨询师完全不能理解她为什么这样说，明明是她什么也不说，何来的努力呢？

咨询师当晚做了一个梦：自己在爬楼梯，上不去，楼梯很窄，两边没有扶手，有个小孩在楼梯下面的平台玩，很欢乐，她想让小孩跟着上楼梯，结果小孩摔倒骨折了。

咨询师显然希望来访者再次回到咨询中从而让自己有更多的效能感，于是希望快点做些什么。而此刻来访者虽然回到咨询中但内心仍处于防御状态，她不想回到那些糟糕的感觉里，在那些感觉里自己是差的，不被认可的。咨询师的反移情意味着自己没有得到来访者的认可，而自己明明是在努力的。督导师和咨询师一起回到那个梦里，咨询师体会到了自己的焦虑，觉得需要完成任务，即尽快地爬上楼梯，而小孩子却在玩耍。当慢下来体会时有些感觉浮现出来：咨询师感觉身体是紧的，腿是软的，又试着体会了来访者的感觉，她感受了梦里的意象，来访者的腿是"脆"的，而且是个小孩子。督导师问："你觉得此刻小孩子希望你怎样呢？"咨询师说："陪她一起玩，而不是爬楼梯。"督导师再次询问："这种感觉如何？"咨询师说："我有些理解她了，她告诉过我很怕领导给她任务，没有任何支持却只有截止时间，被催促的感觉很糟糕。"至此，咨询师松了口气，觉得不想再催促来访者主动谈什么，而是先陪着她体会，并告诉来访者她愿意等待并分享此刻的想法。

在这个阶段让来访者自己启动体验会非常困难，来访者感到咨询师并未和她在一起，了解她的难处。直到咨询师体会到来访者的糟糕感觉，在紧张和压力下来访者的自体状态是脆弱的，来访者想远离（和朋友不再来往以及想结束咨询）说明正在通过与糟糕的感觉保持距离来维护自体的稳定（不被"我是一个糟糕的人"所动摇），而试图让来访者继续谈论那些感觉正是在动摇她的自体稳定感。咨询师在理解了来访者的内在状态之后，重新找到了一个合适的位置（陪着她玩，而不是爬楼梯），渐渐体会到来访者并不需要咨询师急于完成"任务"（分析工作），而是希望咨询师陪伴她体会当下的感受，慢慢地体会那些糟糕的感觉意味着什么。

获知自体感的线索

症状、防御机制及人格水平通常是我们评估个案的重要参考项，但在来访者展示他们所经历的各种人生痛苦时，我们无法理性和静态地观察和记录它们，而更多的是随着他们的情感沉沉浮浮，并通过体验在这些参考项中找到理解的线索。

现在就让我们看看有哪些线索可以让我们了解自体状态。

语言及表达方式的线索

语言不仅包括具体的叙事内容，而且与具体的表达方式密切相关。表达方式涉及叙事的顺序、过渡与转折、停顿、冗长的缺乏情感的叙事、沉默、没有细节的叙事、偏理性的叙事，等等。在不同的咨询阶段，来访者不同的内在状态都会在其叙事的特点上反映出来，咨询师需要在双元视角下去体验和理解来访者的叙事特点，它们不仅反映出来访者的内在状态，也在提示着来访者在如何体会当下的关系。例如，是什么感受在浮现？为什么在感受浮现之后来访者又转移了话题？话题是怎样切换的？在这些语言特征的背后隐藏着来访者此刻不断变化的自体状态。

言语中情绪的浮现提示着自体感的位置，例如，当叙事围绕着悲伤难过的主题时，自体感往往是相对稳定的，意味着来访者信任关系，他的自体客体需要处在活跃的位置；而当来访者平静地叙述一段令人难过的经历却无法谈及悲伤的感受时，往往意味着其自体状态较脆弱，体验那些糟糕的感受将会动摇其自体的稳定感。

非语言线索

非语言信息蕴含的内容极其丰富且大部分是无意识的，它们构成了感知体验的重要线索。捕捉非语言信息需要咨询师整个身心尽可能地处于放松状态，即不把注意力全部放在对谈话内容的关注上。非语言线索包括讲话的语气、声调、面部表情（如眼神的专注度、眼神的角度）、身体的动作（如身躯和肢体姿态）、落座的位置，等等。

症状线索

症状是一种特殊的心理语言，是一种内在状态的无意识外化表现，我们可以通过观察症状表现来了解自体状态。焦虑可能在提示个体的内在正试图保存某种掌控感或稳定感，同时正在被挫败和沮丧所折磨并试图从中挣脱出来。而抑郁（低落的情绪）在提示个体的自体感处于无力、虚弱的状态，并且正在因无法感受到自己的存在与价值而备受折磨。

同一类别症状的严重程度可以反映出自体感的强度差别，例如，在不同程度的焦虑体验里，自体感可以从"脆弱（不安）"到"濒临崩解"（见图1-9）。

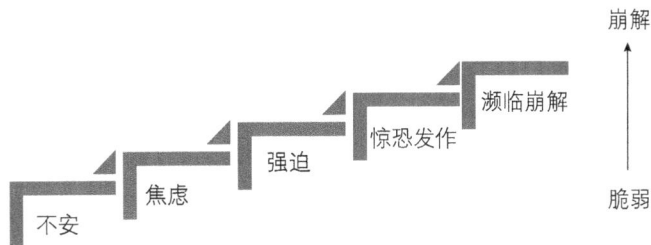

图 1-9 不同焦虑程度下的自体感变化

行动化线索

行动化是一种强烈的表达，通常是无法用语言直接沟通后的选择。它意味着一个人需要采取某种行动来维持自体感的稳定。例如，要想理解一位频繁请假的来访者，不应只停留在"表达对咨询师不满"的理解层面，而是应该将其理解为来访者内在激活了某种体验，比如羞耻感，并觉得咨询师可能无法承受它们呈现在咨询中，咨询师的难以承受会使来访者更加脆弱，而不见面可以避开独自面对糟糕体验对自体稳定感的动摇。

防御机制线索

防御机制的选择与要防御的感受的糟糕程度密切相关，例如，如果压抑有效，说明自体感是相对稳定的；但如果用否认来防御，说明有些感觉对当下的来访者而言是极度糟糕的，即一旦承认会导致自体破碎。比如，自卑的体验，使用压抑这种防御机制说明一个人承认自己不够好，压抑意味着不容易激活对被肯定的渴望；而对某些人而言，他们根本无法承认自己不够好，这种感觉会严重地破坏他们的自体稳定感，因为承认自己不够好会带来羞耻感，而羞耻体验是无法被他们容纳的，因此他们会用否认（或投射）来防御。防御机制的选择与自体感强度的关系见图 1-10。

图 1-10　防御机制的选择与自体感强度的关系

反移情线索

　　常见的反移情包括感受到被拒绝、被拉得太近、被排斥等不适，以及慌、懵、尴尬等情感体验。反移情通常会让咨询师陷入自己的情绪中，但如果咨询师对自己有一定的理解，就可以保持"半防御"的状态，即允许自己用一些方法应对自己的不舒服，同时留出一些空间和好奇，看看是来访者做了什么让自己有这些情感反应，然后再体会一个人的内在处于什么状态会有如此的表现。例如，来访者对咨询师的询问感到不耐烦，并显现出排斥的态度，这会让咨询师感到被推远、被拒绝，甚至不被信任，此时如果咨询师把这些反移情当成理解来访者自体感的线索，就会既允许自己有这些不好的体验存在，又能够体验当下来访者内在的感受、自体感的脆弱程度，以及他在关系中的需要。

通过体验获知自体感的过程

尽管心理世界无法像某些客观存在那样可以直接观测，但我们却可以通过感知了解它的存在，并通过具体的表现来设想其内在的状态。在与来访者的实际工作中，我们可以感知到他们的自体是非常生动的，只要他们坐在我们面前，我们就可以通过他们的表情、情绪、症状、叙事的语言特征及行为特征等信息感受到他们的自体状态，比如脆弱的或有力量的。

对来访者自体感的感知无法通过思考来完成，虽然咨询师可以运用以往的知识和经验，但这无法触及一个人的真实体验。对自体感的感知是一个通过感受并在内在与其建立连接的过程，这意味着在具体的情境中想象并唤起某些感受，并在这些感受中把握一个人内在的整体体验。

体验包含两个重要的过程：进入情境和启动感知觉。情境（context）是一种我们可以通过想象进入的心理环境，由很多生动的要素构成。

空间：空间的大小、光线、温度。

时间：时间点和持续的过程、快慢。

人物：人物的语言和非语言。

事件：事件的内容、重要的节点，等等。

情境的意义是可以触发一个人的体验，即感知觉。人们通过这些感知觉来搭建理解他人感受的桥梁。即使没有同样的经历，我们也可以通过想象来推测体验，即如果换成我在那样的情境中，我也会有类似的感受，而自体感就是由这些丰富的感受构成的。

进入情境有两种途径，一种是被动的，一种是主动的。被动进入时，我们会听到一个人主动叙事，讲述自己的经历，这包括很多细节和他在其中的感受；主动进入时，需要我们询问与情境有关的各种要素，很多细节是在被询问的情况下渐渐显露的。

感知体验的过程并不容易，无论是进入情境还是启动感知觉，咨询师都会遇到无数个障碍，这往往使咨询师处于无意识的躲避中，即可能忽略或"听不到"某些信息（这些信息似乎并未被咨询师收到，它们只是某种划过的声波），或面对来访者带来的情境（或信息），没有产生什么反应，即不会启动感知觉，也可能咨询师并未询问太多细节，即没有主动进入情境。

当一些信息让咨询师感到不适，尤其可能触及他们自己还未曾处理的、过往的糟糕体验如恐惧感时（恐惧感是一种内在失去稳定、对未来丧失掌控的极度不安的内在自体状态），咨询师不去询问和体验细节是非常正常的反应。这时，需要咨询师启动某种与恐惧相关的体验，并对自己内在的感受、认知保持开放的态度。通常咨询师需要反复多次地与恐惧体验靠近，直到可以与恐惧感相遇，进入产生恐惧的情境当中，才会慢慢体会到来访者内在的慌乱、孤单、无助。

通过感知觉传递的自体体验

视觉、听觉、味觉、嗅觉、触觉都与我们的某些需要密切相关，愉悦或厌恶的感受提示我们此刻在经历着某种被满足或被忽略的体验。在某种空间里，我们的整个身体也会通过直接和间接的体验，感受到某种程度的舒服或不舒服，而这些感受同样提示着我们此刻正经历着某种被满足、被在乎或者被忽略甚至被虐待的体验。在更深的体验中它们往往象征着人与人之间的情感连接状态：断裂的、连接的、等待被修复的。

这些与感知觉相关的体验包括以下维度。

视觉：颜色、光线（强弱、冷暖）。

听觉：温柔的、咆哮的、急促的、舒缓的、强烈的。

味觉：味道。

嗅觉：气味。

触觉：温度、质感、触感（柔软、坚硬）、不同强度的痛感。

来访者的很多感知觉是非常个性化的，这些体验很可能是不被父母允许的，从而导致来访者产生巨大的羞耻感，认为自己是过分的、不正常的。这些体验需要充分地被看见和承认。比如，虐恋中触觉带来的强烈体验是多元的，既痛又爽，而这种痛感中的愉悦体验很可能和咨询师的经验不同，因此需要咨询师有足够的好奇，允许不同的存在，并等待来访者的分享。

时空感中的自体体验

时间感：漫长、短暂、片刻、瞬间、永远、永恒、无限。

空间感：开阔的、空旷的、狭小的、幽暗的、明亮的、凌乱无序的、拥挤的、有障碍的、侵占的、入侵的、压迫的、煎熬的、烦躁的、窒息的。

空间感是自体感的重要部分，它与一个人是否感到舒适、安全有关。在前语言期，婴儿最初的表达来自动作，通过四肢的伸展表达内在的状态，而在可以行走和完成更多的动作时，他们的空间感获得了扩充。手、头、脸、身体的移动是婴儿基础的、生动的沟通语言，他们以此来表达自己的需要。尽管婴儿在之后发展了言语能力，但四肢和整个躯体的移动仍然保存着很多无意识表达。

在空间中与其他人或物体所形成的距离感也是自体感的重要部分。人之间的距离提示着一些有关亲密感、疏离感、隔离感、入侵感、被占据感等重要的体验，它们涉及两个人生的重要主题：安全与自由。适中的距离感让一个人有舒适的伸缩空间，既保持了主体的完整又满足了对依恋关系的需要，这种距离意味着在不远不近的地方有人能感知到你的存在和需要，当你的身体移动或发出声音等信号时会有人及时并做出适当的响应。而过近的距离会挤占主体的空间，使其失去伸展和探索的可能，因为感到被限制、替代甚至控制，所以会驱动身体和声音的进一步表达，从而将距离拉开。那些距离过远的关系会让一个人无法触及他人的存在，当无法体会到必要的身体接触和声音传递时，主体存在的感受会大大下降，内在的体验同样非常糟糕，当需要没有得到回应的时候，个体的内在会产生强烈的空虚感，甚至会质疑自己存在的必要性，将自己视为令人厌烦、嫌弃的麻烦。图 1-11 清晰地呈现了不同空间感中的自体体验。

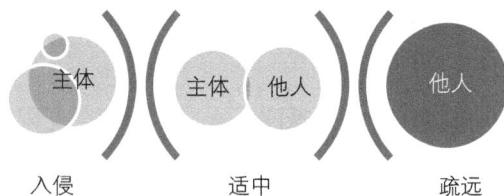

图 1-11　不同空间感中的自体体验

　　时间感和空间感往往以复合的形式形成某种体验，而体验又通常指向与人的关系所代表的意义：无聊、孤独、寂寞、恐惧，或是陪伴、保护、平静、安全。它们既来自与人的空间距离的远近，也包含在相处时间的长短里。

　　当婴儿可以在需要的时候确定妈妈随时都会出现时，将保留一种在时间和空间里足够的**安全感**；而当婴儿在需要时无法在四周发现妈妈的踪迹并需要等待过长的时间时，将会产生**不确定的时空感**：抓不住，够不着，等不到，进而产生程度不等的不安、慌张甚至恐惧；当婴儿处于过于狭小的空间，甚至被固定在某处仅有很少的移动空间时，会感到憋闷、窒息、烦躁、不安；当孩子在成长中获得相对的时空自由，即可以相对自由地决定移动的范围和持续的时间时，他们内在的自体体验将是**确定和自信**的，他们可以有足够的机会通过尝试更复杂的动作和完成任务来获得效能感和胜任感，并形成自信的（assertive）自体体验；而时间和空间都被过度限制的孩子，会感到行动的约束和内在的**窒息感**，让他们缺乏体验自己能力延展的机会并动摇自信心，导致自体发展受到抑制。最初时空感来自现实中的物理时空，当逐渐形成某种心理体验后，时空感将成为想象的空间里构建的心理感受。在幻想中，人们同样可以有丰富的时空体验，这些幻想承载着人们对美好、舒适、自由的期盼，以及对黑暗、恐惧、窒息的糟糕体验的厌恶。

弗兰克·M.拉克曼等人（Frank M. Lachmann et al.）在其《叙事与意义：心灵、创造力与精神分析对话的基础》一书中记录了一段母婴互动的细节，从中可以看到妈妈在不经意间成了婴儿拓展空间的阻碍者。

婴儿坐在妈妈的左腿上，脸朝着饭桌。他不断地将躯体扭向他的左侧，但妈妈会用她的左臂把他拉回来坐正，并更紧地搂住他。妈妈在和坐在她右侧的大一些的女儿说话。婴儿瞥了一眼桌上的勺子，他睁大了眼睛，在流口水。他的胳膊和腿以越来越快的速度不断地向前伸又收回来。他突然向前倾斜身体，用双手轻轻拍着桌子。他朝向勺子移动着他的手，用力向前，用右手抓到了勺子，并把它拿到脸旁放进了嘴里。妈妈停下和右边女儿的谈话，迅速将头转向婴儿，将勺子轻轻地从婴儿的嘴里和手里拿出来，将它放在他够不着的地方。婴儿愣了一下，逐渐将他的脸从妈妈的方向移开并朝下倾斜。同时，他的肌肉张力降低了，他将背靠向后面。他用手抓住并轻轻地拉着自己的衣衫，他的眼睛看向下方，眼神弥散，脸颊和嘴角松弛下来。妈妈转开身去她的包里翻找着什么，同时继续和她的女儿聊天。

下面我们来看看婴儿发展自我的过程中身体部位的动作变化代表着什么样的感受和意义（见表1-2）。

表 1-2　母婴互动中动作变化代表的感受和意义

身体部位	动作变化	感受	意义
脸	朝向饭桌	感兴趣的	不被限制的
躯体	扭向左侧	感兴趣的	
躯体	被妈妈拉回坐正、搂紧	不被允许、活动受限	兴趣被打断
眼睛	瞥见勺子、睁大眼睛	充满期待的	通过身体的动作，经过自己的努力，对感兴趣的事物获得满足感
嘴	流口水		
胳膊	向前伸		
身体	向前倾斜		
双手	拍打桌子	兴奋	
手	抓到勺子、放在嘴里	满足	
手、嘴	勺子被拿走、脸移开	愣了一下	满足感被终止
躯体	向后靠	失落	能力发展受限，满足感被否定
眼、脸	眼神弥散、脸颊和嘴角松弛		

在对婴儿身体移动的观察中，我们可以发现，空间中的移动范围和自体感受密切相关。空间感是通过视野以及四肢、躯干和整个身体的移动获得的，当视线被遮挡或限制、四肢和身体躯干的活动被限制时，人的感受会产生变化，从愉悦、满足到失落、受挫，如果没有人关注到这种变化及带来的影响，这种限制在时间的累积下将形成影响一个人终身的心理模式，并对依恋关系造成不同程度的破坏，形成受限的人际关系策略。

上述案例中婴儿的母亲在同时照料两个孩子时会减少婴儿的移动范围，因此中断了婴儿通过活动身体来获得满足感的尝试，而婴儿之后的动作变化也被忽略了，从婴儿的反应来看他无法再够到更远处的勺子，只能将眼神收回，让身体松弛下来，这些反应意味着他在缩小自己可以伸展的空间，而他内心的感受是受限的、不被允许的，累积的结果将是他会缩小自己的移动空间——通过动作完成心理表达。我们可以通过启动对身体受限的想象，试着体会在这种情况下的自体感受：紧缩的、懈怠的、无力的……

案例 1-2 ··

　　这是一个人生受限的来访者。这位女性来访者的母亲由于家族的创伤导致一生都在担心自己的孩子会死掉。这位来访者的外公在十几岁时接连失去了父母和两个年幼的妹妹，而她的外婆失去了两个幼子，其中大部分亲人都是因病毒感染而死亡，因此她的妈妈对她的身体信号格外敏感，小时候只要她咳嗽就会被带到医院做透视，以确认是否感染了肺炎，她总是被告知应尽量减少运动，一旦她在外面玩久了，回家后就会被批评。尽管她的学习成绩很好，但妈妈很少鼓励和在乎她的学习，并将她留在家乡的城市读大学。她很少感到快乐，只有通过看小说在幻想的世界里想象自由的生活时，她才会有片刻安慰。她说自己很多年都不明白为什么自己的生活能力那么差，她形容自己有一个装满了幻想的内在世界和不协调的笨拙身躯。她好奇大学同学怎么知道城市里那么多地方，而她只熟悉家和学校之间的几条街道。空间的限制不只是物理空间还有她与人的接触范围，她常有一种自己是体弱的、不宜过多活动的自我认知，她说自己只能在角落里待着，因此错过了很多。

　　我在咨询中常能听到来访者对于飞翔的鸟和游动的鱼的想象，通常在想象的空间里他们是自由的，他们通过想象感到身体可以像动物那样自由地移动，并在更具安全感的自然环境中感受到挣脱限制的自由。有时来访者也会在瑜伽、冥想等练习中感受到广袤的宇宙和无始无终的对时空的感知，并因感知到身处天地万物以及宇宙之中而获得连接感和存在感。

　　对速度感（一种时间与空间的综合体验）的体验也经常被来访者提及。他们在跑步（尤其是持续的长跑）中可以感受到躯体移动带来的力量感和掌控感；在驾驶的体验中通过变化的车速感受到自己身体移动的自由度被放大；在打破极限的体验中获得更大的兴奋和满足。

　　空间感里同时也包括其他感知觉体验。例如，光线的明亮或黑暗；色彩的特质，如鲜亮的、灰暗的；空气带来的体感：如阴冷潮湿的、酷热干燥的；空气中的气味，如清新的、腐臭的；声音的特质，如嘈杂的、吵闹的或寂静的、优美的；气候的不同特征，如风、雨、雪的强度变化，等等。各种感知觉体验汇聚在一起形成某种综合的内在体验，并显现出某种意义。好的体验包括安全、舒适、享受、安宁，而糟糕的体验包括不适、不安、煎熬、痛苦等。当这些体验可以表达并获得理解时，会让人感到被承认、认可或安抚、保护等；而当体验被忽略和否认时，个体只能设法逃离或忍耐煎熬，并体会到某种存在感的丧失。

　　空间里的很多体验与持续的时间长短有关。时长的变化可能会让人感到漫长、煎熬、短暂，并因为时间的因素导致某一种体验的持续，从而产生感觉和意义。例如，一种糟糕的感觉起初是煎熬的，但当你无力抗拒的时候就只能忍耐，甚至变得麻木。在时间里的体验和当时的依恋关系有关，当有人陪伴的时候，支持、看见会使糟糕的感觉减弱；而当无人看见、陪伴、支持、理解时，那些感觉的糟糕程度会加重。持续时间的长短通常与焦虑和抑郁的体验相关，在最初的时候，人们总是想从糟糕的感觉里逃出来，希望忍受的时间变短或停止（焦虑），但是如果没有任何人来解救自己和给予帮助，情绪将转向抑郁。

　　视觉的范围会影响空间感的体验。当你的视线受限时，感知力也会受限，而当你可以看得更远和看得更多时，你会更容易通过想象来获得一些未来的可能性。视觉里信息的丰富会带来一定的意义，例如在季节变化中，一个人会通过植物、花卉带来的视觉体验所产生的愉悦感来补偿在依恋关系里满足感的缺失。

　　声音的变化也会影响空间感的体验。声音的信号先于人类的语言，它们是一种独立的存在，自然的声音——风声、海浪声、动物发出的声音——原本就是重要的环境因素，在其中人类可以通过与大自然接触获得不同的时空体验。

在回荡的各种声音里，人类的精神世界可以暂时远离人声的喧嚣，从中体验到被激活的情感起伏，它们不见得那么容易显现出人类语言所构建的意义，但身体被唤起的体验是强烈而生动的，而这些体验往往被人们忽略。在咨询中，对声音体验的关注会带来不同的视角，当来访者的独特体验获得了承认甚至认同时，他们的自体体验会因此被确认和增强。

大自然具有独特的自体客体意义。 当人关注大自然时往往会发现是自己并未留意其存在，而一旦那些自然的信息进入感知系统便会唤醒人的很多生动的体验，使人感受到更大的时空范围的存在，这种与自然的连接感往往带来不稳定依恋关系的替代体验，自然界的四季交替、生生不息中的恒常稳定带给人更多安宁、平静的安抚体验。

音乐是人类创造的另一种语言，它们蕴含着丰富的情感体验，并通过不同的音色、节奏表达出来。 例如，某些乐器的音色会带来悠远空旷的体验，有些乐曲的节奏会让时间显得漫长，欢快的音乐仿佛可以激活身体里运动细胞的能量，让人在想象中体会到一种奔跑跳跃所带来的空间的延展。这些感受往往不必再借助语言的诠释而可以直接被生动地体验。我们常能遇到来访者分享他们喜欢的乐曲，咨询师通过聆听这些声音而更靠近他们的内在世界。

时空感的错乱所提示的自体状态

对于位置、方向、时间顺序等感知出现错乱，往往提示着一个人的自体处在混乱的状态。对于空间和时间的准确体验通常意味着内在的确定感，而那些早年有被忽略和抛弃创伤的人，会因为解离的缘故丧失很多体验，包括对周围环境以及自体存在的感知。因此当来访者回顾早年经历却无法回忆或时间顺序混乱时，往往提示着解离的存在（解离的存在意味着极度破坏自体稳定的糟糕感觉的存在）。因此，对于出现时空错乱体验的来访者，咨询师需要对此做更多的了解，了解这种情况是偶发还是重复出现，从而确定自体感规律变化的历史性原因。

自体感被当下的经历所动摇的情况也很常见，来访者记错时间（不只是记错咨询的时间）、坐反地铁、下错站等类似的时间感问题和定位问题，往往提示来访者当下可能被某些感受过度困扰，自体状态失去秩序感和存在感。当来访者对于某些空间的描述出现模糊或混乱时，这就提示着他内在可能处于非常脆弱和不稳定的状态。

如何描述自体感

在自体心理学的文献中我们可以看到各种对自体感的描述，例如，统整的（cohesive）、混乱的（disordered）、脆弱的（fragile）、崩解的（disintegrated）、有价值感的（valuable）、有效能感的（effective），等等。在我初期运用自体心理学工作时，正是这些描述自体感的词汇让我找到了向内反观自己的途径，也让我尝试以自己的体验来靠近来访者的内在，它们让我的工作获益匪浅，也在日后和同道的培训、督导工作中验证了这一点。

虽然这些对自体感的描述通常是具体的、个性化的，但我仍想将我在临床中的经验汇总分类。我将临床中对自体感的描述大致分为两个维度，一个维度描述自体感的稳定性，另一个维度描述其意义，我分别称之为强度维度（见图1-12）和特性维度。

图 1-12　自体感的强度维度

自体感的强度维度直观地提示我们一个人的内在状态。这些状态与来访者近期所经历的体验有关：或是动荡起伏，或是趋于平静稳定。同时，它也在咨询过程中随时变化，通常这意味着来访者的某种体验被激活或保持防御的状态，我们可以通过自体感在这个维度上的移动来识别出自体状态的变化。

最初来咨询的来访者自体感的强度很多都在脆弱和濒临崩解之间，通常普遍会有情绪易于失控、持续和反复的睡眠障碍、对身体健康问题的担忧等问题。而通过症状的具体表现可以分辨出自体感的脆弱程度，对于那些与恐惧相关的体验和表现——疑病、强迫、惊恐发作、情绪失控（易怒、崩溃感）、成瘾（物质依赖、暴食）、时空感的混乱等的分辨尤为重要，它们往往提示着自体感趋向于濒临崩解的位置。通常人会在濒临崩解的阶段表现出各种强烈的症状并向他人求救，比如告诉亲友以及见医生和心理咨询师，而不会真的到达绝对的自体崩解，崩解意味着精神存在的死亡。

我们可以从表 1-3 中了解到不同自体感强度的具体表现。

表 1-3　不同自体感强度的具体表现

强度	自体感	具体表现
健康的	稳定而有力的	连续的时间感，自体状态可变，但易于恢复
虚弱的	无力的	难以保持力量感
	脆弱的	易于受伤的
濒临崩解的	混乱的－时间感	打破顺序的、时间断裂的
	混乱的－空间感	缺乏方向感、失去秩序的空间感
	失控感	精神世界濒临分裂

自体感的特性维度涉及在不同的自体特性上展现出的自体感（见表 1-4），这些具体的表现让我们可以判断出自体的意义，这些意义意味着自体在关系中需要的某种自体客体连接。我们正是通过体会到各种不同的自体感才能在咨询中找到展开（unfolding，详见第四章第三节）与回应的位置，从而达到理解。

表 1-4　自体感的特性维度

类别	自体感	相反的自体感
和自我界定相关的	存在感	空虚感、异类感
和夸大需求相关的	效能感、存在感、胜任感、价值感	无能感、无价值感、无存在感
和理想化需求相关的	确定感、稳定感、方向感、目标感	不确定感、动荡感、无方向感
和孪生经验相关的	相似感、归属感	异类感、孤独感

了解自体感的意义

当我们了解了自体感的外化体验，并在经验中调动类似的体验时，就可以运用这些具象的语言来描述自体感。当我们可以通过描述自体感与来访者沟通时，就可以和来访者的内在体验呼应，发现和确定他们的内在状态。这些内在状态可能是他们难以表述的虚弱感以及其中所包含的无助和迷茫，也可能是难以察觉的一些确定感和力量感以及其中所包含的喜悦，这个过程会让来访者体验到被看见和理解。在对自体感变化的关注中，解释的工作更细腻入微，当我们能够准确地描述来访者的自体状态时，来访者获得的正是一种以往缺乏的自体客体经验。

描述自体感是一种完成共情的语言工具，它不是一种简单的描述，而是共情体验的结果，它来自我们与来访者的内在深处的连接，以及对来访者难以言表、隐含而等待识别的内在体验的不断寻找和清晰描述，这是咨询师完成理解的必要过程。

了解自体感的强度维度以及变化，可以让我们找到并随时调整工作的节奏。对于一个自体状态混乱、无望、随时想放弃并感到绝望的人来说，我们需要做的是陪伴和支持以及有效的干预；而对于一个自体状态有些虚弱但相对稳定的来访者来说，我们会在相对慢的节奏里了解他的内在。对于同一个来访者而言，自体感也会随时变化，这种变化很可能提示着他的内在发生了某些重要的改变，可能是某些自体客体需要的激活，也可能是某些创伤的重复性体验带来了自体的动荡，而这恰好意味着这可能是一次更深入理解来访者的机会。

对自体感特性维度的了解，让我们可以找到工作的位置和方向，或者说它们提示着自体客体移情的维度，例如镜映移情或理想化移情。对于一个希望被看见和欣赏的来访者，我们会感受到他内在对价值感的渴望；对于一个付出努力去战胜困难的来访者，我们会感受到他对胜任感的渴求。一个在职业发展中感到茫然的来访者，他可能缺乏方向感；而一个很努力却很少有人引领的来访者，他可能需要获得目标感。

当我们可以感受到来访者的自体状态时，工作的思路是从内到外的。当你感受到一个人的内在混乱时，你会更容易理解他的情绪变化、防御方式和当下在关系中的需要，而不再割裂地、碎片化地拼凑他的心理世界，以及滞留在对某些心理现象的困惑当中。

例如，一个在离婚进程中的来访者，在咨询中有强烈的愤怒，但又难以表述清楚，这会让咨询师感到非常困惑，如果采用询问的方式有可能让来访者更加愤怒，这时需要咨询师启动体验，设想一个人的内在处于什么状态时，会既愤怒又难以清晰表达。在体会中会浮现出混乱感、失序感、无能感，它们在强度维度上可能处在脆弱和崩解之间。而当咨询师去体验在一段失败的婚姻中有愤怒却无法表述清楚的内在状态时，就可能会在愤怒的背后发现挫败、对未来感到茫然甚至恐惧的内在体验。在自体感的特性维度上它们呈现的是无能感、无方向感。而一旦我们把握了这些自体感的特性，就会更容易理解来访者的表现。

第三节　在关系中确认自体——自体经验

自体经验——本质上是一种自体客体经验

自体经验本质上是一种自体客体经验，这是自体心理学特别强调的视角，换句话说，自体经验是在某种自体客体环境中获得的体验。例如，我是安全的（自体经验），意味着当我有需要的时候我确认是有人在乎我的，我会获得保护和支持（自体客体经验）；或者我是有价值感的（自体经验），因为我可以感受到被认可和被需要（自体客体经验）。

我们知道，对处于恐惧当中的自体状态的了解需要启动某种与恐惧相关的体验，并对整个内在的感受、认知保持开放的态度，这通常需要反复多次地与恐惧体验靠近，直到可以与恐惧感相遇，进入到产生恐惧的情境当中，从而慢慢体会到内在的慌乱、孤单、无助。而这个过程尤其需要一段更稳定的自体客体关系的陪伴，这样才能让我们明白这些自体体验的背后可能是对关系断裂的恐惧，而关系的存在意味着在自己最无助的时候有人在意自己并坚定地给予自己帮助和支持（自体客体经验）。

人一出生便与周围的世界建立联系，并在关系中确定自己的存在，以及在之后互动的回应中发展自体。在与自己的期待相呼应的回应中，自体获得确认感，这成为自信与自尊的基础。而无法获得及时的、适切的回应时，自体的发展会受阻，但仍然会以某种尽可能保持情感连接的方式保存自体。尽管在自体的发展中可以观察到自体相对独立的存在，但自体仍然以某种方式与自体客体连接，这种连接更多的是指精神世界的存在状态，它意味着一个人的内心确认自己是重要的、有人在乎的、有价值的、在需要的时候是有人愿意帮助和支持自己的。

可以说，自体的本质是自体与自体客体的关系，没有与自体客体的关系就意味着自体的消亡，因此在谈自体的时候不是孤立地看一个人的内在自体结构，而是看他在关系中形成的自体状态和模式，即在某种特定的养育环境下形成的有关自我的认知。**所以说谈自体就是在谈自体客体，或者说在谈一段关系里的体验及意义。**

什么是自体经验

自体经验是在关系中对自体感起到一定作用或产生某种影响的体验。这种体验的核心是情感带来的意义，当一个人在关系中感受到被关注、被在乎时，他的自体体验就会被确认和增强。当一个人可以表达需要，同时也可以表达对被忽略的不满而不再感到不安时，自体需要会被清晰明确地确认，他内在的自尊和自信将不会轻易地被动摇，这种坚持自我表达的倾向性不会轻易逆转。

案例 1–3

　　一个焦虑的来访者不知道为什么自己的父母说"你喜欢什么就学什么"，而自己却不敢做决定。在被咨询师询问父母是怎样表达以及当时他的感觉时，来访者说感觉父母"话里有话"，"你喜欢"的说法并未让他感受到父母为他选择自己喜欢的而高兴，而是他要为自己的喜欢负责。在之后的讨论中，当咨询师邀请他体会一下自己的爱好里是什么带给他兴趣时，来访者开始讲述他从小到大在自己的世界里是多么快乐和充满期待，讲述之后他说第一次有人真的在乎他的感受，也是第一次这么清晰地看清了自己的需要。咨询师说："一个人一生可以有自己的喜好并可以自主选择是一件很幸福的事。"这是让来访者真正感觉到被在乎的情感回应，这

种感觉是确定的，带给了他从未有过的踏实感，他在咨询师的回应中确认
了自己的想法和感觉。

自体经验还来自对自主性保持的支持性需要上。很多时候来访者的自主性
在试图把握关系，即"我并不希望如何如何，我希望由自己来决定说什么，什
么时候说，说多少，说与不说"。这种曾被视为阻抗的动力，越来越多地被正
面承认，并趋向于一种更积极的视角。芝加哥精神分析学院的彼得·沙巴德
（Peter Shabad）并不认同苏格拉底的观点——未经审视的人生是不值得过的，
他说："我首先把精神分析看作一种治疗性的努力，帮助人们在死之前在爱情、
游戏和工作中实现自我。"他以《阻抗的前缘——朝向人类自主性的尊严》为
题，论述了他对阻抗的尊重和支持。

自体经验的丰富性与复杂性

当代自体心理学和主体间性系统理论经历了四十余年的交汇、融合，自体
与自体客体的关系已经过渡到双元互动的视角，这种复杂的模型更符合真实的
人际关系。双元意味着两个同样作为主体的存在，双方都是一个独立的自体，
同时又是对方的自体客体。互动意味着两个主体对于自体客体回应的需要是同
时存在的，即给予回应或理解的一个自体客体——同时也是一个需要自体客体
回应的自体。互动是一个双元视角，例如，咨询师既有对来访者自体客体需要
的看见，又有得到来访者对自己工作认可的期待。

在双元互动模型下，自体的发展前提不再是被满足，而是可以在互动中完
成自体体验被承认和允许等获得理解性回应的过程，即自体客体的关系特质从
满足到理解的过渡。这种保留了第二主体的自体客体需要的视角打破了人类的
一种悲观态度——如果无法获得满足就必然要改变（放弃或压抑）欲望，而是

使人们调整为欲望从获得支持及满足到被确认、允许、认可的广阔视角，并在双元视角下承认由双方的差异带来的不理解。在对方无法理解自己时，人们能够从差异（参见本书第二章第三节"双元视角及情境主义"的相关内容）的角度接受失败的回应，并尽可能保存驱动自体发展的欲望，对于无法做到理解的一方不再单纯地给予否定，而是可以承认差异带来的不理解。

因此我们可以看到自体－自体客体的关系会随着互动不断变化，有时连接、有时僵持、有时断裂，在体验中有喜悦、有失落、有害怕。自体的渴望并不是简单地被满足或剥夺，而是在互动中以某种确认度被保存下来。来访者早年那些带来愉悦感的体验即使没有得到确认，也会因感受的愉悦形成某种微弱的认知并保留在无意识当中，正是这些体验形成了自体发展动力的内核，它们以一种不易觉察的倾向性保存在"希望的卷须"（参见第二章第二节"两种重要的移情：前缘与后缘"的相关内容）里，蓄势等待与自体客体回应的相遇。

自体对于自体客体连接的倾向性是一种必然，即使在与他人关系的体验中感受不到自体客体连接，人也不会放弃这种倾向，而是在大量的幻想中、与自然界的连接中、与小说、艺术、音乐等创造的想象中保存或获得这种连接。**被理解是人精神存活和发展的必要前提，正如科胡特所认为的："人的一生都需要自体客体关系，从生到死。"**

一旦来访者进入咨询关系，无论他怎样表达，都是一段自体客体移情的开始，他开始寄希望于一个可能给予他不同回应的人，这一点是当代自体心理学非常强调的所谓的前缘视角（参见第二章第二节"两种重要的移情：前缘与后缘"的相关内容）。前缘作为一种"渴望变得好起来"的动力隐藏在各种症状、冲突和痛苦之中，而咨询师对前缘的珍视和看见是咨询从始至终的一种自体－自体客体连接，是一种共同的信心。

自体体验在回应中发生转变

在与自体客体的互动中自体体验是复杂多变的，复杂是指不同的自体客体需要可能同时存在，也可能在转换当中，这基于在自体客体关系的互动中所激活的不同的情感需要。例如，一个遭遇挫折体验的来访者，自体感是脆弱的，甚至是受伤的，而在互动中可能激活两种需要，一种是被认可的镜映需求，即对效能感、胜任感的保存；另一种是渴望有一段稳定而有力的关系在此刻可以给予支持，以及在挫败中可以提供陪伴的理想化需要。这些自体体验会随着咨询师的看见与回应被确认并发生转变。当一个来访者的想法和感受不断地被确认后，首先存在感的体验会发生改变，随后那些以往很难意识到的价值感会生发出来，自体体验从"我是微不足道的"开始向"我是有价值的"方向转变。

自体的发展是被关系中的互动所推动的，但自体客体并不是一种稳定不变的功能。去理解另一个人心理世界中的需求和冲突是不容易的，这种理解可以因互动的延续由浅入深。当未能理解时，自体客体功能也可以在进一步的关注和体验中再次延续。**因此可以说自体并非需要一个保持功能良好的自体客体，而是需要一种彼此持续互动即延续体验和表达，并使人获得理解的关系。**

随着自体－自体客体互动中理解的深入，自体体验可能从脆弱变得更有弹性和基本稳定。随着体验逐渐深入，咨询会触碰更深的主题——那些有可能动摇自体稳定的、不易谈及的自体体验。而这对咨访双方都是挑战。尽管咨询在总体方向上是与那些未被理解的无意识主题工作，但工作仍然遵循以维护自体稳定感为首要原则，无论是来访者还是咨询师都是如此，双方总是在不断的尝试中逐渐真正地靠近那些动摇自体感的体验，比如恐惧和羞耻。自体客体的可变性是一个主体间的重要视角，它承认互动带来的两个主体的变化是一种应被积极正视的存在，这恰恰是对自体本身的信任。**令自体体验糟糕的不是无法满足而是自体客体回应的丧失，即互动的无法延续或终止。**

第二章

病理学和治疗原理

第一节　何为精神病理学

重新审视病理学

病理学的确立通常沿着一种科学的路径——从病到理，即通过对症状的观察推理出形成疾病的原理，并从具有统计学意义的数据中确认推断的正确性与合理性。

这个思路似乎没有什么问题，每个来访者都带着自己的问题进入咨询，比如无法与人友好地相处，情绪不稳定，无法好好地工作或学习，等等。在更多的询问和叙述中某些规律就会显现出来，例如，三十多岁的女性来访者阿倩叙述自己很难成功地恋爱、结婚，每次相亲都会以失败告终，家人说她太挑剔了，她自己也觉得从未有过心动的感觉，好像一直活在自己的世界里。咨询师面对的问题通常是"为什么"和"怎么办"，即病理与治疗。如果按照科学的路径，我们将询问来访者更多的背景及早年的养育史、人际关系模式，了解来访者的人格特质、防御机制等，从而找到并理解她与人相处时所呈现的问题。她很可能符合自恋人格特质，而我们知道这一类人的内在共性是自卑，她的早年养育史也提供了清晰的佐证：她一直生活在挑剔与评判的氛围中，尽管她很努力，但很少获得肯定。

至此我们似乎弄懂了"为什么"的问题，但是她的需要仅仅是等待一个人告诉她"怎么了"吗？显然不是。而对应的"怎么办"的问题，一定和我们的理解密切相关，其基本思路是让她了解自己无意识里的冲突形成的原因，以及学会面对自卑，而不是用投射和回避的方式去应对，当我们解释了无意识，也在陪伴来访者面对它们时，治疗真的发生了吗？如果发生了，原理又是什么呢？

让我们带着这些问题回到病理学，看看"病"和"理"到底是什么。从字面意思来看，"病"，是来访者表面的各种症状；"理"，是咨询师通过精神分析发现来访者的"病"的内在形成机制。是这样吗？不难发现，对咨询师的努力分析来访者常常"不领情"，这似乎在引导我们思考，我们在研究的"病"和来访者体验的"病"可能是不一样的东西。

回到上文的案例，那个无法走进婚姻的女性是孤独的，被亲友催婚的感觉是愤怒而无奈的，和相亲对象的约会是令她紧张的，在她一个人独处时虽然安静但又会生出恐惧。当你有机会体验到她的这些感觉时，会发现"病"不再是可以被客观观察到的症状，而是另外一些东西：孤独、愤怒、无奈、紧张、恐惧。它们有一个共同的名字——痛苦。

精神之痛

因此，精神之"病"，不是症状而是痛苦，咨访关系不是医患关系，来访者不是在等待有人告诉他有什么病，而是在等待有人让他有机会说出来和说清楚他的痛苦。以往只是他自己处在困惑之中，没有人感受到他的痛苦，而他一直处在既痛苦又觉得是自己有问题的挣扎之中。至此，虽然我不得不用"病理学"这个说法，但更恰当的说法应该是"精神痛苦形成的原因"，这里的差别是我们无法做到客观的观察，而需要走进人的内在世界里去感知。心理咨询不是由一个深谙病理学的咨询师和一个等待帮助的、痛苦困惑的来访者组成的分裂世界。心理咨询中的双方本就在一个世界里，有一样的痛苦，一样的挣扎，一样的期待，一样的无助，而连接彼此的正是我们可以共同体验到的各种感受。当我们可以一起靠近那些感受时，我们将找到另一个所谓解决"病"的"理"，即了解一个痛苦的人希望被怎样对待。

这将是另外一种思路——体验。以上文提到的来访者阿倩为例，咨询师需要考虑的是，她为什么告诉我这些？她想恋爱结婚吗？她期待吗？如果是，她为什么仍然单身？如果不期待，为什么还来找咨询师？如果直接询问往往无法获得答案。如果你想进入她的精神世界（无意识世界），需要另外的路径——体验。这个过程无法由她独立完成——通过她的自由联想；也无法由你通过独立探索完成——由你来告诉她，她的无意识里有什么。

精神痛苦的特点是可以感知却难以言表，持续存在并难以消除，影响生活、工作以及与周围人的关系，靠自己的努力难以改变，也很难通过获得帮助而真正地缓解。有时人们感知不到，以为它消失了，但它却在某时某地重现，让你意识到它一直存在。痛苦是一种说不清来自哪里的综合体验，人们可以感知到它的存在，但很难向他人描述，因此人们会质疑自己，似乎是自己有问题，需要找到方法解决它。

然而，精神分析的实践提示了一种特别的意义，也就是说，表达与倾听的过程本身就在完成一种治疗。痛苦需要一个倾听者才能被表达。而倾听是一个非常独特的参与过程，这个过程意味着两个人是在某种特殊的关系当中，一起完成对痛苦的深切体验。

精神之痛的治愈之道

很多人默认的工作视角是从问题出发，通过各种精神分析手段，比如自由联想、共情、解释，让以往无法被理解的病因获得知晓，使来访者逐渐从防御的状态转变为面对，从而不再被无意识左右。然而自体心理学的工作视角在本质上却非常不同。

我们将在下文中看到，当从发展的视角而不是问题（症状）的视角出发，并指向更深的、更本质的无意识表达时，即关注来访者在关系中期待什么，他希望被怎样地对待，咨询师参与的过程是完成解释还是侧重体验——解释是以无意识意识化为目的，还是为了传递情感回应，这将会让整个治疗过程非常不同。

这里涉及的不同实际上是精神分析工作很根本的问题，尽管大家都认同分析工作指向无意识，依靠自由联想展开无意识主题，进而解释精神痛苦的根源，然而分析的途径到底是怎样的？咨询师的参与方式以及参与度，有时咨询师本人也说不清楚，往往要在反移情很强烈的时候，才会意识到自己正在和来访者一起体验某种强烈的情感。

例如，来访者阿泽叙述他正在经历与他人的巨大冲突，并激活了某种浓烈的恨意，在梦境里他完成了报复并感到痛快解恨，但来访者对此感到困惑与不安。而咨询师很可能从未体会过如此大的冲突，也从未感受过如此强烈的恨意，因此感到离来访者的感受很远。咨询师不仅没有痛快的感觉，还觉得眼前的人有些可怕。那么理解如何发生呢？也许你学习到仇视、报复等表现是某类典型的人格特质，比如反社会、敌对、仇视，并能理解到这与人们在以往无法信任的关系中的体验有关，但这些距离理解还相距甚远。也许你会想起来访者讲过的童年经历，联想到很可能他正在经历类似的被欺负、被侮辱的体验，但是他此刻与你分享他的梦以及感受的动机是什么呢？为什么以前他都是在压抑，而在目前的咨询阶段，他开始做这样的梦呢？为什么他的体验不再是害怕被侮辱，而是让梦里的经历穿透意识，并有了另一种新的感觉——痛快呢？

你可能很想给予某种解释，也许你的解释是对的，但重要的是来访者如何知晓你的解释来自哪里？是来自你的分析，还是来自你和他一样的感受？当他无法确信你的解释来自哪里时，他的"痛快"也许会吓到自己，因为这对于压抑的他来说有些不可思议。比如你解释道："你通过做梦来让那个伤害你的人死掉，终于让自己痛快了。"但如果你的内心并未靠近他的感受——报复过程里的各种体验，那么你的眼神、语气和表情很可能传递的是你的无意识——害怕与远离。

那么真正的理解从何而来呢？科胡特强调没有共情就不是精神分析，然而即使咨询师以为自己在共情，也可能常常被来访者抱怨"不理解他"。我们再次回到参与度的问题，心理咨询谈话的核心是各种情感体验背后的无意识动机，无论你是否承认，来访者的经历必然会引发咨询师一定的感受，并随着关系的深入而加深。可以说这是个不可控的过程，或者说是一个必然的过程。当来访者的叙述在某些位置或进入到某些体验时，他们可能会陷入困境中，即他们既不想重复以往的体验——没有人理解自己，又不能表达清楚自己的需要。而这个困境是咨询师与来访者共同造成的，换句话说，咨询师陷入了自己的工作困境中（面临理解的困难），无法调动自己以往的经验，也无法靠近来访者的感受；而来访者无法清晰地用语言表达，他们的身心体验也已经无法回到有效防御的状态，那些说不清的体验及背后的意义变成一种强大的动力，冲击着咨询中的两个人，这时咨询师的低参与度已经无法满足来访者独自体验并完成理解的需要。

我们需要搞清楚完整的理解的本质是什么。回答这个问题需要我们待在关系中，并从体验出发，而不是由思考获得答案。理解发生在意识和无意识的往复穿梭中，它是一个过程，即来访者无论在哪个位置，咨询师都会最终走到那里，并渐渐明白发生了什么。来访者不会直接给你答案，他需要的是由你来靠近他的不同位置（意识和潜意识）。这样看来，完整的理解的本质是对以往体验中无法独自消化的经验的解读，以及在尝试理解的状态下给予回应。

完成这样的理解过程靠的是什么呢？来访者的症状和防御的背后是他们自己无法消解的情绪，它们来自内在极度的不安。"我可以这样吗""你在笑话我吗""你会嫌弃我吗"，这些疑问恰恰说明了来访者对这段关系的强烈渴望，渴望有一个人允许自己、懂自己，再也不用担心和掩饰自己的需要，这无疑是一种对情感的渴望——希望有人在乎自己，好好对待自己，并从一段可以依恋的关系中获得支持、安抚、许可。这些体验对于自体的存在与发展非常重要，正是这些体验的匮乏，让他们动摇或失去了对自我的肯定。因此可以说理解的核心是情感连接，只有当咨询师深刻体验到来访者的需要，才能完成理解的过程。治愈不可缺乏的过程是让来访者在理解中获得新的体验，那个解读你的人不是个局外人，他和你的心很近。

回到之前那位在冲突中叙述报复感受的来访者。他在冲突中被压抑的伤害在梦中显现出来，而梦境中报复后的痛快是他所不熟悉的，讲述的背后同时有他的需要和害怕。他需要的不是咨询师在远离的位置分析他的梦境的意义，而是在一个十分靠近的位置——和他一起进入深度体验。解释不是一种分析，而是体验后可以一起到达的位置。只有那些害怕和欲望都在具体的体验中清晰地被看见时，才能真正完成理解，即来自深度共情以后的理解。这包括咨询师真正体会到来访者有多受伤，有多压抑，报复带来的对受伤感觉的平衡，以及在咨询师面前表达这些复杂感觉的艰难和不安。只有当来访者不被评判地确认经历中的所有感受时，他才会真正体验到一种关系里的信任——"我的想法和感受是可以被允许和理解的"。

理解是这样一个过程，尽管来访者以为自己的想法、感觉和行为是可笑的、愚蠢的、可怕的，但咨询师可以带着更多的勇气、好奇和期待，鼓励来访者将它们表达和表现出来，并在关系里相信以往那个令他人困惑的自己可以被看见和读懂。从本质上讲，来访者是在寻找自己，他们需要有人允许和愿意以他们自己的节奏或视角来完成这个过程，而理解最终将指向无意识的核心——人的渴望，那些回到关系里才能完成的对自体保存和发展的需要的承认和认可。

第二节　自体心理学的病理学和治疗原理

自恋：人类自我发展的原动力

让我们先回到纳西索斯（Narcissus）的古希腊故事里看看自恋，但我建议你不要太快地解读出其象征的意义，而是试着体验。想象你一直徜徉在山涧，有一天你看见了水里的自己，"好美啊！"你从来没发现自己这么美，你被这个美人打动，沉醉着迷，无论其他同伴怎样呼唤你去别的地方，你都不肯离去。你的内心正在经历什么呢？你正在关注着自己，这是一种持续的、沉浸的体验，你感受到了自己的存在。

从这个神话故事里我们可以看到，人需要某种媒介确定自己的存在，而自恋的体验意味着你的某些关于自我的感受被激活了，"我被自己的美打动"，而这个过程需要一面镜子在其中反射出我——我才存在。**可以说，人存在的本质是被看见。**

也就是说，意识到作为一种主体"我"的存在，需要通过与外界互动所形成的感知而完成，而"自恋"这个词过于被人类评判。如果回到情感的视角，它表达了人类与自我的情感倾向——喜欢自己或取悦自己。如果进一步打破对"自恋"的否定，回到人类精神存在的需要视角，那就是被爱或被喜欢。而对"自恋"的否定似乎在表达一种人类理解自己的困境，那些评判他人自恋的人同时也压抑了自己的自恋。不认同人类的自恋似乎可以使人获得相对平衡、稳定的精神内在，可谁知道呢？那些帮助有所谓"自恋障碍"的人就没有自恋吗？满足自恋的需要意味着无视他人吗？那么，是自恋的主体的需要出了问题还是观察者的视角出了问题？这些都是需要先回答的问题，寻找答案的途径是体验，我们需要在两个主体的互动中来寻找答案。

从冲突视角到发展视角的转变

科胡特在他的病人的"自恋的暴怒"里听见了对传统精神分析的反抗，他们不想被一个置身事外的人分析，而是要拉着咨询师到他的世界里去感受他的自尊需要。他们对咨询师投射了更多的情感需要（多于被分析的部分）——某种在乎他们的反应，即不要再分析他们，而是如果知道他们怎么了，咨询师会以一种不同于单纯分析的态度对待他们。这种视角下的需要，最终被科胡特命名为"自体客体需要"。这个由病人的情感需要发起的、由咨询师认同的移情关系难能可贵，它扭转了整个精神分析活动的单人视角，尽管在科胡特时代还没有后来那么丰富可靠的母婴互动研究的成果可被参考以确认人类在互动中的情感需要。

科胡特的理解途径来自共情，即通过体验而不是分析。在一个他督导的案例中（参见朱尔·P. 米勒（Jule P. Miller）的回忆性论文《科胡特是怎样工作的》），被督导的咨询师表达了对来访者的深度解析，但科胡特却有着非常不同的态度，他认为首先应该以一种"直接"的方式看待分析材料，而这位咨询师倾向于首先寻找隐藏的意义（分析），却忽略了简单和更明显的意义（体验，比如一种丧失的体验），这是一个错误。在案例中，有着同性恋倾向的男性来访者在某次咨询中提前了一个小时到达，并意外地发现等候区坐着一位年长的男性来访者，他感到震惊和焦虑，于是去了附近的书店翻阅有性感图片的画册，他的感觉是兴奋的。咨询师认为来访者通过画册里的有强壮肌肉的图片修复与咨询师的理想化连接，以抵御另一位来访者带给他的断裂感；咨询师还认为来访者提前一个小时到达是造成这种局面的原因（咨询师认为来访者很清楚时间，提前来是有意为之，并将责任推给咨询师，好像咨询师在抛弃他，导致了他的混乱）。科胡特同意理想化连接部分的解释，但他不同意另外一个部分，他相信来访者提前到达就是非常渴望见到咨询师。咨询师在下一次咨询中修改了之前的解释，并强调了来访者提前到达背后强烈的愿望是早点见到咨询师，而不是试图"制造"挫败感。听了咨询师的第二种说法，来访者显然松了口气，觉得这比之前说的要正确得多，他承认咨询师之前说得很有道理，但他没有感觉。

　　科胡特以这种共情的视角重新看待症状、阻抗及防御，并在体验中寻找答案，正是这种态度让来访者体验到一种不同的对待，让他们不再担心被看似正确的分析评判，而是可以激活更多被允许的需要——自体客体需要。这种需要的发现和最终呈现，来自两个主体的无意识参与，即由两个人共同完成的感受性体验在若隐若现的过程中逐渐清晰，即自体客体移情。

　　科胡特指出工作的核心是发现心理的"基石"——自体客体需要，而不应停留在对"中继站"（各种心理冲突）的解释上。科胡特的思想是一种发展视角，它直指人的无意识核心——在关系里的各种自体客体需要，而弗洛伊德的冲突模型更多地止步于症状的消除。所谓"自恋病人"的欲望显然被压抑得更深，他们需要在关系中有人看见其更根本的欲望——"存在"被承认。这一过程无法仅仅通过分析完成，即由咨询师的解释"你渴望有人看见你的需要"完成,而是由关系(关切的、有回应的)来完成。它是共同参与的、打破重复的、有深刻体验的、不会在关系中因恐惧、羞耻而再次压抑的一个完整的过程。

自恋的发展线——自体客体需要

各种自体客体需要在实践中不断地被识别出来,并呈现出两个特征:一个是结构化特征,另一个是个性化特征。结构化的自体客体需要,就像自体心理学大厦的框架和基础,它们构成了人类自体存在与发展的核心,在这些需要被看见与回应的过程中,人类的精神世界得以扩充延展。科胡特以他的智慧与深度共情发现并完成了自体心理学大厦的基础建设,确立了人类自体客体需要的三个核心面向:镜映需要、理想化需要以及孪生体验的需要。

自恋得以正名后,它以一种全新的面貌出现在自体心理学的思想中,自恋是人类存在与发展的永恒主题,有着不可或缺的基础地位。发展,意味着扩充的倾向。自恋不再是需要纠正的问题。

这种视角的转变蕴含着三种深刻的意义。

第一,自体心理学使精神分析在元认知的水平上完成了深度和完整地理解人类精神世界的过程。

弗洛伊德的思想基础是无意识的核心——欲望,但他将冲突(如俄狄浦斯情结)作为人类心理的本质特征,这使完整理解人类心理处在一个困境当中。"弑父娶母"是不是人类的基本欲望——即本能?这种模型似乎很难与人类的体验相符,虽然它看上去所描述的的确是我们眼前的世界——充满了冲突和对立。如果从体验出发,我们会继续追问一个问题:"弑父娶母"之后的体验如何呢?故事的原型应该和我们猜测的体验相符——不是指向幸福与满足,而是内疚、懊悔，那个替代了父亲而拥有母亲的俄狄浦斯剜去了自己的双眼。这个故事中还有一个令人难以理解的人，就是导致这个悲剧的始作俑者——父亲。为什么他会在孩子出生时，因受未来被儿子替代的魔咒驱使，指使人杀死自己的孩子？他的动机（或者欲望的本能）又是什么呢？在这种冲突的模型下，对立成了人类关系的本质，似乎欲望的结果总是你死我活的。而科胡特的思想在更深、更基本的位置完整地完成了对人类精神世界的理解——人类的冲突只是一种表象，它们只是人类的渴望未被理解的中间产物。

我们回到"弑父娶母"故事中的体验。在第一章中我们了解到动机的愉悦法则。从这个角度出发，父子之间的冲突或许与违背了这个法则有关。在这个故事中，对于父亲而言，儿子的出生意味着未来会夺走他两样重要的东西——权力和妻子，而儿子似乎只有杀死父亲才能得到权力和母亲。这种对立冲突无不在表明"拥有"的重要意义和对丧失的恐惧，这里动摇的恰恰是人类极其重要的依恋动机，妻子和母亲的意义对于父子而言不只是"拥有"本身的象征意义，而是要回到情感连接的体验当中去理解。对父亲而言，他拥有妻子与被认可、被安抚、被支持的需要有关；而儿子同样需要从母亲那里获得类似的满足。失去这种关系，对于父子而言都是致命的打击，或者说使他们无法获得精神世界的完整，他们都将生活在恐惧和痛苦当中。当在这个层面上理解时，我们会体会到人的本能——保存或努力获得对自己生存至关重要的东西——情感依恋。

让我们再感受一下拥有权力的体验。当一个人保存和发展自己的权力，意味着他可以保持愉悦的体验，并有机会不断地延伸这种体验，它们象征着一个人精神世界的状态是活着的、有力量的、有生命力的、生长的。失去权力的人会怎么样呢？权力的基础体验是拥有选择权，当完全丧失权力时，人会处于被动服从的状态，在情感体验中没有人在乎你的想法和感受，你也没有任何位置或身份可以体验到他人愿意遵从或配合你的想法。你丧失了价值体验和胜任体验，或者说你感觉自己是不重要的、毫无价值的、毫无能力的。让人恐惧的正是这种存在与价值的丧失。

回到故事的原型。"弑父娶母"不是本能，不是人的根本动机，它只是抵御失去自我重要部分的手段。当人类误以为所观察到的冲突部分是本能时，意味着在那个时代心理实践与探索的局限，人们还无法相信彼此之间会有一种对话的空间，可以去理解对方的根本需要，而是处在对恐惧的处理中。这也呈现在当时对焦虑（神经症）的探索和治疗中。人们以罪疚作为平衡，完成对冲突关系的妥协。直到科胡特时代，人们开始更关注那些被科胡特称为"悲剧的人"的体验，这类人的需要有更基础的主题——被看见、被允许存在，他们的自体还没有发展到有足够的力量形成冲突。

科胡特的思想核心之一是自体保存。他发现无论是自恋的病人还是以焦虑体验为特质的神经症患者，他们都有一种共同的精神需要——自体生存的"氧气"。当在关系中缺乏对其保存自体的动机回应，或者回应破坏了自体的稳定时，他们就会呈现不同的自体状态，脆弱的、破碎的，甚至濒临崩解的，而此时他们会以各种方式保存自体，使用压抑或内疚以及各种我们称之为症状的"努力"，比如强迫、不稳定的性关系、物质依赖，等等，以暂时保存自体的存活。

而在关系中，人们有共同的情感体验——各种程度的恐惧：焦虑、不安、惊恐发作等。这些恐惧在提示他们如此害怕他们的需要会让那些至关重要的关系丧失，让他们赖以精神存活的情感连接断裂。自恋和罪疚[1]只是两个不同的表现形式，前者倾向于更少的自我肯定——我不配有更多的需要；后者倾向于对自我需要太多而质疑——我的需要是错的，我在拿走不属于我的东西。如果

---

[1] 自恋和罪疚来自科胡特对两类特质的人的描述，自恋特质的人被他称为"悲剧的人"，神经症特质的人被他称为"罪疚的人"。

将这个谱系放大到边缘特质和偏执特质的人群，我们可以看到前者倾向于无视他人的需要——你必须满足我的需要；而后者无视自己的需要——我不需要他人的理解和帮助。而在这两种表现形式的背后，仍然是对关系断裂的恐惧之下的不同应对策略——以不同的内在心理机制让自己感觉关系一直都在，或者通过不表达需要维持关系中的安全感。

可以看出，人类既有需要又要以压抑需要的无意识方式保存自体的双重动机，这让人类对自己的理解产生了困难。无意识意味着一种特殊的存在，它在发挥作用，但却以人意识不到的方式存在。当人们首先需要处理恐惧时，那些带来恐惧的欲望就被压抑在了更深的位置；当人们最初有更多的悲观体验，即俄狄浦斯冲突会导致关系的丧失时，人们就会更容易以妥协的方式保持内心的稳定，觉得是欲望带来了问题。当无意识被意识化以后，那些冲突似乎获得了某种令人明了的解释。

然而早期的精神分析实践并未到达分析的终点，科胡特发现他的病人除了分析还需要他的情感。在真正理解了病人的不满、愤怒、难过的情绪之后，科胡特将视角转向了关系，而不再试图分析那些被称之为阻抗的各种动力。在他以共情－内省的姿态进入到病人的精神世界时，他看到了病人在允许和等待之中没有止步于恐惧，而是显现出不会放弃的动机。在所谓的攻击下面，是他们还无法清晰表达的关乎自体存在的本能渴望，"攻击"是一种对确信自己有某种需要同时这种需要又不被看见和理解的强烈表达，正如科胡特所言，"最终我总是发现病人是对的，是我一直没有理解他们"。

我们可以得出结论，人类共同的欲望是自体的保存和发展，冲突呈现的是人们的渴望与恐惧之间的矛盾，而人们最终需要的是无法消除的无意识渴望得到回应。

当科胡特越来越坚信这一点时，他开始清晰地描绘他所构建的自体心理学的核心思想：一个人的精神本质是在自体客体关系下的各种自体保存与发展的需要。至此，精神分析的活动重心指向与病人一起发现与完成那些对不同个体而言重要的自体发展主题。

第二，自体心理学以"从内到外"的路径，理解那些本该得以发展的精神动力如何受限、被阻滞，并在治疗关系中发现及发展它们，让一个人的自恋发展线得以延续。

当确定无意识的核心是对自体发展至关重要的各种渴望时，精神分析活动在一开始就带着一个新视角并将其贯穿分析活动的始终：来访者在关系里需要什么？无论他们以怎样的方式表现——不停地讲话或是大段的沉默，从不请假或者经常缺席，充满期盼或是选择逃避，他们将不再被分析，不再被各种症状和防御机制的知识和经验所解读，而是等待被理解。在现象的背后他们在表达什么？是激活了某种渴望，还是在触碰到渴望的同时激活了某种不安？又是怎样的互动让以往的不安开始松动，让渴望可以在关系中得以呈现或被确认，直至推动自体的发展。

这种坚定的发展视角，改变了与症状或阻抗的纠缠所带来的困境，并将心理现象看作理解的线索。当来访者无法相信情感连接是否稳定时，即可能再次被忽视、嘲笑、否认，咨询就会遭遇到阻力，用科胡特所言"阻抗不应该被克服，而是应该被理解"。阻抗正是对于咨询师可否帮助自己从糟糕的重复性体验中走出来的不确定的强烈表达。因此，咨询师的理解首先表现为对来访者抵御行为的允许，以及承认自己在这个阻抗中的作用。

我们可能没有意识到，正是我们的态度让来访者体验到了某种重复，换句话说来访者就是在投射，而理解投射无法通过置身事外达成，我们需要去理解这种投射背后的意义。来访者担心自己被嘲笑或被嫌弃，而此时咨询师会遭遇来访者的强烈不满，这会令咨询师感到被贬低、鄙视，并引发自己的挫败感或无能感。此刻需要咨询师理解来访者正在体验什么，通过体验了解来访者正在向我们投射什么——某种他们无法抵御的糟糕感觉，并识别他们希望在关系里获得什么。那些向咨询师投射的无能体验，说明来访者正陷在某种无法面对又担心会被嘲笑的挫败、无力的挣扎当中，这种投射并不是他们的动机本身，而是希望获得支持和理解的无意识表达。这种理解的姿态将咨询师和来访者都从表面的冲突和纠缠中解放出来，进而发现其背后无法表达的渴望，这让咨询师在来访者自体脆弱的时候仍然对其保持信心。

这种穿透防御到达欲望的路径，无法由来访者独自的自由联想和咨询师的解释来完成，而需要双方共同进入体验，回到情境当中体会当下的感受并命名它。只有当咨询师体会到了来访者无法独自承受的感受，比如无能所带来的糟糕的羞耻体验，进而了解到这种体验正是人们在渴望被认可时却被贬低、嘲笑所造成的结果，才能明白当下关系的意义正是需要看到他们对克服困扰所做的努力。

对于防御机制的理解有两个层面，一个是对于防御机制差异的区分，另一个是理解防御的是什么糟糕的感觉。无论是哪个层面，理解的角度都不应停留在描述它们，更不应该用对其所做的解释来替代理解。防御是有重要的心理意义的，它们与咨访关系以及工作位置密切相关，因此无论是对不同防御机制的识别，还是对防御何种糟糕感觉的理解，都应以体验的方式来完成。

对于防御背后的糟糕感受，咨询师往往止步于此，因为咨询师同样需要防御，或者还没有准备好去体验那些感觉。然而理解需要靠近体验，需要去体验到那些感觉有多糟糕，足以让自体感动摇甚至被摧毁，因此来访者不得不使用各种类型的防御，即使咨询师自己不会使用或者不熟悉（也许你也在使用，但还意识不到，比如解离）。当咨询师可以唤起自己糟糕的体验并能够渐渐靠近它们时，就会体会到防御的重要性。

这种理解也会反过来促进我们对于各种类型的防御机制的体验式理解（而不是以学习知识的方式）。比如你遇到一个看上去非常融合（即渴望与人建立共生关系）的来访者，尽管你想摆脱被纠缠的不适感，但体验让我们明白，无时无刻不想抓住你的人正在体验丧失关系时的自体碎裂所引发的恐惧，他需要以如此的方式来确保他的精神存活——不被抛弃。当你可以如此地靠近他脆弱的自体体验时，就会超越人格水平的理解层面，而体会到这是一种在当下关系里的强烈表达，是他想让另一个人感受到他无助的程度以及对陪伴和支持的需要。

第三，对自体客体体验的强调，让自体发展在关系中得以完成。

关系视角意味着精神分析活动是由两个主体共同参与完成的，它意味着一个主体的改变不仅来自无意识被解读，更重要的是解读者同时是一个共同进入到无意识体验中并真正看见和看懂来访者需要的人。

理解需要走进体验、进入关系才能完成。关系的核心并不是咨询师有多高的智慧和能力可以看懂来访者的问题，而是在看懂的同时以一个什么样的姿态来回应。再直接点说，当你知道一个脆弱的人需要支持时，虽然可以用解释来工作，比如"你希望有人可以支持到你"，但他可能更需要的是从你的态度里感受到你对他既脆弱、绝望又担心被嘲笑的无意识冲突的理解。

对于一个不自信的人而言，欲望很少被看见、支持和确认，他更多地处于自我怀疑和由以往经验所激活的不安和羞耻当中，在未获得理解和确认时，来访者很容易回到重复的体验中，他无法确认咨询师和他有同样或类似的体验，他可能因激活了被认可的渴望而产生更大的不安——担心自己的想法太不现实，如果自己无法实现会令咨询师失望。如果我们靠近他的体验，就会看见他更需要的不一定是成功，而是为他的渴望感到高兴的同时陪伴和理解他的各种体验，包括兴奋、犹豫，以及不安、沮丧。

关系视角的另一个呈现是互动，互动是完成理解的一个必然过程，很多理解的僵局处于互动暂停的状态，而自体心理学将僵局视为理解的机会，而不是关系的破裂。互动意味着推动无意识的探索要靠双方不断地努力，并在无意识的进进出出中识别出彼此之间发生了什么，是什么让当下的体验更靠近欲望，又是什么让欲望再次回到无意识当中。互动让彼此从回避、搁置到碰撞、相遇，从而超越以往在关系中的不可能。

两种重要的移情：前缘与后缘

希望的卷须——前缘

希望的卷须是对于人类渴望状态的一种象征性描述，借用植物的嫩叶在生长初期还未伸展的样子来描述人类对自体客体回应的期待状态。卷曲意味着处于暂时的等待，它们还非常的稚嫩，无法伸展，但却不仅仅是一种保存的姿态，还有一种蓄势伸展的动量。

前缘在自体心理学的位置很像"希望的卷须"那样，它作为当今被普遍认可的一个重要视角，是在自体心理学几十年的发展中伸展的，并成为自体心理学实践中不可或缺的临床视角。尽管科胡特未能以文献的方式给予前缘视角重要的地位，但在我看来，前缘视角与科胡特的自恋发展思想是一脉相承的，让他念念不忘的正是他的病人自体发展的渴望。而前缘正是这种内在的、难以觉察的倾向和趋势，就像一颗蕴含生长动力的种子，等待着阳光雨露，也像一首生命之歌的前奏，你不知道未来生命的样子，但你确信涌动的生命之流的存在。正是确信隐藏在病人大量症状、糟糕的情绪或行为之下仍然充满希望的信念，让科胡特的后继者看到了一条清晰的精神分析工作的路径。希望在于确信每个人都需要在关系中被看见，"看见"是一种透过各种心理表象直至与那等待已久的、对于自体发展无法放弃的欲望的相遇。

在精神分析的实践中，人们很容易看不到前缘的存在，然而它却处于人类精神世界的核心，是未成型的、未构成明确意义的、弱小的、隐而未现的一股力量。当人们带着各种症状和意欲解决痛苦的需要而来求助咨询师时，咨询师更容易表现出解读者与帮助者的姿态，然而实践证明，来访者在被解读之后总是有一种承认了咨询师的分析但还在"等着什么"的状态。"等着什么"似乎无法通过来访者自己的努力而完成，而更像是他们对咨访关系的某种期待，这种期待才是他们接受心理咨询的真正目的，他们希望有人看到他们的渴望——那种他们可以感知到却无法言语化的前行的力量。

之前这些力量总是以各种令人不安的症状并带来冲突困扰的形式，展现在他们的生命当中，而事实上在"问题"的背后是人类共有的动机，我喜欢称之为"想要变好"的动机。"好"是人们曾经在关系中获得过的体验，也是人类动机的必然倾向，人们渴望获得更多的愉悦体验，正如第一章中描述的各种动机的共同特质。当我们回到体验，而不是在象征中寻找意义时，会看到更清晰的人类精神世界的图景。每个人最终渴望并无法放弃的是达到身心安宁及愉悦的状态，安宁来自免除恐惧，不至于因生存（包括身体与精神）的需要不断挣扎与抗争，以及有更多的选择和空间，让生命的状态有各种可能，在探索与发展的体验中被允许、被尊重、被欣赏，并因此获得更多的满足。

人们的思考、感受、行为的所有表达及关系中的各种冲突、对抗的背后，无不指向人类共同的动机本身，而各种心理表象通常是无法实现动机的衍生品，只是人们更多地体验到不被理解及在关系中的纠缠，因而止步于将冲突作为探索人类关系本质的桥梁。因此获得与保存前缘视角极其可贵，它不仅是一个心理学的临床视角，也促使人类加深对自己的了解，以及由此重新审视人际关系并建立彼此对关系的信心。前缘的特点是弱小和不可泯灭，看上去它是卷缩的，但里面却是希望。

对于前缘的理解是一件很有意思的事，如果你通过查阅文献把它当成某种概念去理解，它会愈发抽象和难以描述，我猜想科胡特在他的督导生涯中，言传身教大于他要建构概念的欲望。而后继者对前缘的理解也是不断在体验中获得的，他们不断地在后缘的位置工作，并且决不轻言放弃，因此才从中看到了希望的卷须，并和它一起经历了逐渐舒展开来的过程。

希望的保存——后缘

后缘很像我们从外面看到的卷须的样子，它是向内卷的，而且无法用外力打开，你可以感受到卷曲中对打开的抵抗力，当你去感受这种抵抗力时，就会发现在那种倔强之下是对自体的保存。个体知道在此刻卷曲是更安全的，而伸展的时机还未到，还无法确认舒展的样子是被怎样地看待和对待，而以往的经验是可怕和令人沮丧的，似乎没有人看见那里的希望。然而有趣的是，当你理解了这份心思并不急于打开（去分析或解释），而是等待和陪伴，并保持一种回应的态度时，卷须却自然地打开了，因为这种等待与陪伴恰恰意味着来访者确信你可以感知到他的内在需要。

后缘正是人们对自体保存的努力，而以往这更多地被看作阻抗与防御。对于不断承受这种阻力的咨询师而言，如果自身对这种挣扎和努力缺乏体验，尤其是自身缺乏在其他的自体客体关系中获得的理解，会容易感受到来访者对自己不满或者被推开、被拒绝，从而掉入不胜任感的挫败体验当中，并感到情感连接在某种程度上的断裂。

精神分析中的体验经常是一种现实关系的平行或再现。当亲子及伴侣之间的亲密关系卡在某个地方时，人们会各自沉浸在自己的体验当中，无法明白对方的内在经历了什么。因此可以说精神分析的常态是在彼此不理解的状态里，但却需要一种信念支撑，即不理解恰恰是一种"有什么等待被理解"的呈现。因此，精神分析工作需要超越以往重复的关系困境，承认不理解的存在。在不理解的过程中慢下来、停下来，反思理解框架的局限，而这种反思始于共情的姿态，即回到体验，去体验对方到底在关系中表达的是什么，为什么这样表达，是表达者内在心理结构的问题，还是在关系中有未完成的重要主题等待被看见与回应。

当后缘被视为自体的保存时，"阻抗"这把阻碍之锁被打开了，它是一种渴望未能实现但却不想放弃的强烈表达。钥匙是咨询师在转念之中对自己未能理解的承认，当咨访双方都意识到在所有的心理表象的背后是某种未被看见却意义重大的需要时，后缘更像是一个前缘暂停的节点。在这些节点上的驻足，会让咨访双方都有机会了解彼此遭遇了怎样的阻碍，以及发现那些以往被卡住的、在恐惧和羞耻的影响下无力前行的、等待在新的关系下被看见和理解的主题。

在后缘视角下的工作是咨询中必然经历的一个过程，当来访者苦苦挣扎而咨询师仍未进入其体验时，后缘的位置就会出现，它不仅是一个临床工作的位置，也代表着人类在无法依靠自己的挣扎走出困境，以及不想放弃关系中改变的可能性时的共同心声。因此咨询师需要有勇气听见阻抗背后的声音，与来访者一起来尝试体验产生阻抗的内在感受，而不再囿于关系的表面冲突中。在我看来，阻抗里蕴含的不是对关系的抵抗，更不是内在心理结构的病理性表现，而是对"变得更好"的一种呼求，对于想让咨询师一起去体验与理解的强烈表达。

自体心理学与存在主义和人本主义

自体心理学与存在主义哲学和人本主义思想是相近和相通的，它们都在呈现人类对自身需要的认同和对关系本质的积极态度。我相信无论理论如何被建构，对其认同都与个体的体验相关，以及与理论建构者或秉持者的心理发展轨迹和当下所处的境遇相关。从人类具有共同动机的角度看，大家都会认同它们是精神存在与驱动的基本动力，并在存在主义哲学与人本主义思想的传播中更趋向于对它们的积极承认，这在本质上提示每个人都更知道自己需要什么。

更多的问题似乎集中在关系的冲突当中，即人们的需要看上去带来了更多的痛苦，而人们渴望一个彻底的解释框架，从困局里看到希望。即使我们接受存在主义思想，并以人本主义的态度工作，我们仍会发现，相对而言，它们更适合那些有更多自我认同的来访者，他们需要有空间展现自我，发现并扩充自我，而人本主义取向的共情与积极关注，很好地创造了能够提供承认与认可的积极环境。然而在实践中我们会发现，尽管如此，有些更深的主题依然无法被触及，来访者在信任的关系里体验会逐渐加深，而这些体验往往意味着以往在关系里存在着某种困境，人们会用一些暂时有效的防御机制将它们搁置在某处。

无论是寻找和试图保存自体，还是在追求某种自我实现，其背后都提示着类似的生命议题，体会"生"就会触碰"死"，"死"恰恰是那些象征着关系丧失的体验，当一个人真实地体验到无人知晓、无人帮助、无人喜欢的感受时，此刻就在动摇"生"的确定感，在与这个熟悉的、可以把控的世界远离，因此即使每个人都认可存在的意义，也会在表达或体会"要"的时候产生动摇。而这种判断来自以往的经验——我的需要很可能带给别人不高兴、不愿意，在调整我的需要后看上去"生"的确定感被保留了下来。

那些寻求心理咨询的人似乎无法靠自己找到平衡，他们在冲突中处理对"死"的恐惧，或者在未能满意的"生"的状态里不想将就。共情的实践促使精神分析进入二元视角，即咨询师同样要审视自己的生死主题的内在位置，你需要与来访者一起体验并探索回答，而不是在解释各种冲突的表现形式的位置止步不前。当你真正听到了人对存在的泯灭产生的恐惧时，就会发现这是一个人类的共同议题，你无法再用任何方式来告诉另一个恐惧的人应该如何处理恐惧，而是要与他一起进入更深的体验，面对存在的主题。

自体心理学的治疗原理

在治疗关系中我们发现，来访者既以自体保护的状态应对关系中可能发生的恐惧与羞耻，同时也在互动中呈现各种无意识渴望，而这两种倾向的移动与咨询师如何与来访者互动密切相关，咨询工作将在自体保护－自体客体需要激活之间多次往复。而无论怎样移动，都提示当下来访者的内在自体状态的变化，这种变化是来访者自主性发挥作用的重要特征，咨询师需要做的并不是促进来访者的无意识渴望的激活程度，而是通过观察来访者的反应密切关注他们正体验着什么，并试着理解这个反应。例如，在咨询初期有着更多防御的来访者会在诉说委屈并获得咨询师的情感回应后趋于平静，并不再更深入地体验，这说明对委屈的表达很可能激活了其自体脆弱时的不安感受——那些来自以往关系里表达后被责备的重复性体验。而咨询师需要做的是理解这个反应，而不是一味地促进体验，以此保护来访者自体的稳定。

这种共情性理解提供了一种重要的自体客体经验，即无论是来访者的渴望还是恐惧都会被允许和理解，从而改变其以往的重复性体验——被忽略、否定或不允许。这种对自主性的尊重与信任，使来访者获得越来越多的自信及在关系中的确定感，他将越来越确定自己的想法和感受是可以被理解的，因此不再因担心丧失关系而自我压抑或妥协。

案例 2-1

最初这个来访者非常吸引我，他身上有一种执着，在缺乏理解和支持下仍然努力改变自己的生活，在看不到更多机会时，他毅然离开了原来熟悉的城市和行业。当我传递给他我的好奇和钦佩时，他告诉了我更多有关他努力改变命运的经历。渐渐地，伴随着这些故事的展开，他开始流露出更多的情绪体验，比如焦虑感以及不如他人的羞耻感。尽管我们在讨论中已经可以容纳这些糟糕的体验，并理解它们来自他童年被父母否定与贬低的经历，但在来访者体验了某次挫败后，我们的关系陷入了僵局。

他说自己的创业很艰难，选择的商品都很难打开市场，自己总是被拒绝，他从别人的眼里看到的是"你的商品太垃圾了"。在几次我试图靠近他的挫败体验时，他变得非常愤怒，并不断地告诉我，"你一点都不理解我，咨询毫无意义，而且我感觉更加沮丧"。我既感到这种愤怒过于强烈，也好奇他正在体验什么，似乎他想把我拉进他的感受里，却只能用愤怒表达。直到我启动类似的体验并想象我需要一段什么样的关系时突然明白了，他说对了，我并没有在理解他，而只是在"工作"而已。尽管我知道挫败体验很糟糕，但我更多地是在谈论它，而不是体验它，我仍带着客观的视角，而他正在被我审视——"挫败对你而言意味着什么"。被视为垃圾的体验对我而言有些陌生，但失败并以此为耻的感觉我很熟悉，我总是靠更多的努力避免它们的发生。但此刻显然他掉进了这种糟糕的感觉里，我体会着："如果我在这种挫败中，是不想听一个人和我讨论我是什么感觉的，我只想听这个人告诉我，这感觉太糟糕了"。我把我的体验告诉了他，并承认了是我没有试着在理解他。

当我更多地与来访者一起进入他的挫败体验时，他没有变得更加沮丧，而是唤起了某些期待，与此同时，我的内心冒出了一个声音："他希望在我这里获得什么"。我突然意识到，我和他讨论挫败的方式，正是我以往抗拒挫败的方式——更加努力地找到办法，绝不让自己失败，我不要体验被人贬低的糟糕感觉。我正在试图从他带来的挫败体验中逃脱，我在努力抗拒和我的来访者经历一段我也无能为力的挫败。

在意识到这些后，我的焦虑感下降了，这时我听到他说："为什么你不像最初那样认可我的努力，我并不想放弃，但我烦透了，你看上去一点也不愿意和我待在挫败感里。"我承认了，他说得对，我在试图解决问题，而不是陪他一起体验。此刻关系中的张力降了下来，我们开始一起感受创业的不易。在我可以耐心地倾听、他也可以更平静地叙述时，我们发现我们彼此需要的是更多的时间。当我们可以一起感受犯错、迷茫和无力时，我们不再排斥这些体验，我开始真正佩服他的执着，也开始理解他太需要在感到迷茫无力时有人看见他的努力，对他保持信心了。

我回顾这几次的咨询后意识到，最初他想向我淡化他的挫败体验，但又反复地回到这个议题，他无法确定我是否能理解他的纠结，尽管我的确让他失望，但他没有压抑自己，而我也在他的"你没有理解我"的声音里感受到他的某种坚定，这让我好奇，也多了些勇气去面对我们的困境。他需要的是有人给予以往只能孤独面对困境的他陪伴、看见与支持，有人愿意走近他的体验，而不是告诉他所谓的解决之道——这无疑又是一种重复。而这个过程的完成并不简单，我需要真正地体验他的焦虑、无助、羞耻，才会知道他需要被尊重、支持、陪伴，在后来的咨询里，我了解到他并未很快地从挫败中找到办法，但却一直在坚持。他更容易向我袒露各种感受，我也在体验他的感受中更加明白以怎样的方式回应他。

治疗工作的主线——自体客体需要

自体客体移情从初始访谈就开始了，事实上自体客体需要一直以某种方式存在着。移情在两个维度——自体客体维度和重复维度——之间不断地切换。移情处在哪个维度取决于咨询师对来访者自体客体需要的响应度与来访者以往经验的差异。这种差异也使来访者呈现不同位置的自体客体需要。

这种以咨询师的响应度来衡量咨询关系的工作方式基于共情。来访者是咨询关系的发起者。无论他们以多么轻描淡写的方式表达或是多么诚恳地想改变自己，所有表达中比内容更重要的是，你是否体会到来访者的无意识需要——那些在关系中的各种自体客体渴望。因此在初始访谈中咨询师需要做的不是收集各种资料，而是用体验获得更重要的信息：来访者在关系中需要的是什么，以及他在怎样投射这段关系，你是否识别出了这种投射及其背后的动机，并以此为理解的基础做出响应。这种响应的意义是咨询师承认自己对自体客体移情的贡献，这是一种共同建立咨访关系的积极态度。

也许有人会认为这种理解在初始访谈中很难到达，我同意其难度，但这并不是我们需要等待更多信息才能理解的借口。我们需要的是对自己感知觉的信任。当启动体验时，你就会向来访者的内在世界靠近，你不再只关注语言内容，而是去感受眼前的这个人，你开始关注他的内在正发生着什么，以及他为什么这样表达。虽然来访者讲的内容是有意义的，但在咨询的初始阶段，关系的重要性大于议题本身，或者说，虽然来访者希望你帮助他们理解自己，但他们更关心你是不是与以往关系中的交往对象不同，你是否可以体会到他的内在状态，比如焦虑的、无助的，同时又是努力的、挣扎的、不希望被评判的。

贯穿咨询始终的正是这个在以往的关系中未能完成的自体发展所必要的自体客体移情过程。来访者往往在某些位置陷入困境，而自体客体移情是一个在互动中重现、再次经历并需要完成一个新的、被理解的、深入的、多阶段的、反复的、不同主题的、强化的、巩固的过程。

咨询师无法预测来访者的何种需要被激活，往往是在与来访者共同进入体验或自由联想后感受到其某种需要，它既可能是单一的，也可能是多重的，同时它也会在移情的维度上变化、移动。在触及令人难以耐受的糟糕感觉时，咨询师有时会与来访者一起陷入后缘的位置，此时自体客体需要并不是消失了，而是处于等待被识别的、暂时的僵化状态。

自体被确认及获得发展是通过新的体验来完成的。因此解释往往是理解的结果，是在具备情感体验的前提下做出的诠释，而这个体验情感的过程才是工作的主要内容，这是一个无法简化的、需要慢慢进行的、由咨访双方一起完成的过程。有时解释过早，意味着彼此并未触及更深的体验，解释只在抽象的维度。而充分的体验之下的解释则往往带着可以清晰描述的感受，并由此获得感受代表的意义。解释更像治疗的载体，而治疗蕴含在新的关系中——完成对自体客体需要的识别以及一起感受体验，让各种需要以动机的自然面目呈现，因共同的体验获得真正的理解。所谓动机的自然面目是指动机没有在不被理解和不被允许的回应中被误读，以及被羞耻和恐惧所覆盖。

当来访者在无意识地处理对重复的恐惧时，往往是以一副更少触及感受的样子出现，这说明他在通过防御使自己暂时保存某种确定感。咨询师经常会遭遇这种防御下的"无感"，在单一视角下，咨询师只能处在对表面现象的解释状态，比如"来访者情感隔离、太理性"。而唯有体验——体会当下所谈论的话题、来访者所处的环境、自体状态，尤其是在咨访关系中互动时共同体验的深度——咨询师才会了解来访者只是在用看上去的"无感"来排斥某种他仍然感到恐惧的体验。

在无意识更表层的位置共存着两股力量，对重复恐惧经历的抵抗和对改变重复的渴望。在彼得·A.莱塞姆（Peter A. Lessem）所著的《自体心理学导论》一书中，作者强调缺乏前缘视角的后缘解释有可能带来医源性伤害，在我看来带来伤害的并不是解释本身，而是让来访者体验到你在未能深入到他的体验时指出他的后缘位置，比如，"好像你经常在关系太靠近的时候选择分手"。而只有你理解了来访者靠近关系时的体验，并命名了那些令人糟糕的感觉，比如"担心太近后表达需要会被拒绝或嘲笑"，你才能以一种理解的语气来表达，而不是让来访者感受到你以质疑、责备的语气以及其他非语言的方式（如不理解的眼神）回应他。

正是对后缘的理解以及对前缘的把握，让我们不再急于处理阻抗，而是把它当成一种强烈的表达——对于改变关系的渴望的表达。当来访者告诉我们

"表达是没有用的，从来没有人懂我时"，这种表述往往是说给咨询师听的。我们需要听出来这是一个重要的移情对话方式，来访者在以一种表面的失望来表达他们隐藏的渴望，他们等待的不是有人告诉他们"表达是有用的"或者任何改善表达的方式，而是希望有人好奇阻挡他们表达的是什么——对重复不被允许或不被理解的恐惧以及此刻被他们隐藏起来的渴望。

在这个理解过程中，必然会与对重复的恐惧相遇，那些停滞、反复和动摇，恰恰是治疗里必然要经历的过程，科胡特的"恰好的挫折"、自体心理学家霍华德·巴卡尔（Howard Bacal）的"恰好的回应性"，以及当代自体心理学的前缘与后缘的切换都在强调这是一个治疗的必要过程。当巴卡尔将侧重点从挫折转变为回应时，自体心理学的发展走向了真正的双元视角，并用回应的经验角度替代了挫折的结构化角度。结构化并不是工作的目标，而是一种结果。当代自体心理学在非线性动力、复杂理论等视角以及大量的实践中，越来越重视体验——这种更适合人类精神世界的框架，即动态的、发展变化的、有各种可能性的、非常个性化的模型。这种双向互动的心理学实践，在前缘与后缘的切换中被更加广域地扩充。

第三节　主体间性系统理论的病理学和治疗原理

主体间性理论主要有以下几种形式：一种是独立的主体间性系统理论；一种是与自体心理学相交融后的理论——被称为主体间自体心理学；还有一种是关系性精神分析的重要视角之一，本书涉及的主要是前两个部分。

主体间性首先是一种哲学观，是对人与人之间关系的相关性的一种基本认识。而这种认识很大程度上会受到每个主体的经验的影响，即使承认主体间性，在真实的关系中人们仍然会带有某种倾向性，这种倾向性会让咨询师在自己的工作中认同、动摇或更多地践行主体间性，这种倾向性的差异本身正反映出了主体间性是一个动态变化的发展过程，它是人与人之间关系的各种呈现的组合：相斥、相交、相遇。

发展与偏离：经验组织原则

在本节我想呈现的是主体间性系统理论中的病理学部分，如果说自体心理学的病理学是一种发展停滞观，那么主体间性系统理论的病理学则是一种发展偏离观。自体心理学强调的是各种自体客体需要在无法获得回应时，那些渴望并不是消失了，而是被保存在无意识当中。因此咨询师需要非常关注这一部分，并将其视为工作的主线。当那些无意识主题被更多地看见，并被允许、认可时，各种自体客体需要将从被压抑的状态激活，自体发展将因不同的自体客体体验，再次从停滞的状态被激发出来。

主体间性的工作主线是发现经验组织原则——因早年的互动导致自体发展发生了偏离，个体为了保存自体存活而不得不改变的认知与情感体验。该理论认为发现这个经验组织原则更有意义，它不仅考虑了自体发展的需要，更理解了这种需要受阻的内在机制，并更关注当下主体间性关系中重复的表现，从而理解这部分而使自体体验不再是以往的重复。

总体来说，**经验组织原则**是一些有关"我"的有问题的认知，但这种认知又是有意义的，它们在个体早年与养育者的互动中形成并被固定下来，一直影响着之后的生活。例如"我是一个总让人感到麻烦的人""我不配拥有被在乎的人生"，它们看上去更像是自己出了问题。

"有问题"意味着这是一些并不正确的认知；而"有意义"是指个体需要这样的认知来保存关系，或者说保存更基础的情感连接，而连接的最终意义是自体保存。也就是说，自体的发展在互动中发生了偏离（derail），人们无法保持自体客体需要的表达，而是转向认为是自己有问题。

称其为原则是因为它们一直在以固定的模式发挥着作用，但通常是无意识的或前反思（pre-reflective）的，也就是说，无论你是否意识到它们，它们都一直在决定性地影响着你的生活。对于那些带有严重创伤的病人，美国自体流派心理学家多丽丝·布拉泽斯（Doris Brothers）称其具有僵硬的（rigid）经验组织原则，"僵硬"意味着他们很难改变或者说需要"坚守"，其意义是他们如此地缺乏理解性的自体客体环境，以至于必须以坚持僵硬的原则来减少可能的重复性伤害。例如，一个早年有被抛弃经历的人需要坚守的原则是"我不需要任何人的帮助"，这个原则保护了他不去启动渴望，以此来应对无人在意的可怕的绝望。

将找到来访者的经验组织原则作为工作的重点有重要的意义，它不仅仅是去探索无意识里的内容，而更多地是把握无意识的运作规律，而这个规律是主体间互动的重要主题：在咨访关系中呈现的原则提示着来访者在怎样处理他们与周围世界的关系，这个主题首先需要的不是被揭示，而是被理解。

不难发现，这个位置与科胡特所讲的后缘非常相似，即对自体保护所做的努力，表面上看是有问题的，但它们却是一种有意义的表达。

"在无法确定咨询师是否理解我时，我会一直坚持以往的经验组织原则。"

"一直坚持的原则不是需要被改变的，而是应当首先被理解的。"

"你不可以用你的经验组织原则来告诉我应该怎样看待这个世界，你应该先进入我的历史与情境中体验，这样你就会知道我坚持的原则是'对的'。"

可以发现，经验组织原则里总是隐含着一些糟糕的体验，没有人喜欢这些感觉，但它们是在早年的互动中形成的经验，一旦去体会它们，就会唤醒动摇自体稳定的糟糕感觉。因此如果咨询师发现了来访者的经验组织原则，不要简单地解释给他们，而是要在共同体验中让来访者确信你理解了他们，然后才解释给他们。当然，更不可能用改变认知的方式去转变这些原则。

情感协调

主体间性系统理论的治疗更倾向于协调性的回应工作，而这背后的原理是自体需要会被这些回应不断地推动。当无意识的动机在表达中呈现时，并不是因时间的积累而进入到意识当中的，而是因为这些无意识的表达在期待不被重复地对待，即无需对不安的部分采取防御，此时非常需要咨询师在获得这些无意识的信息时"看见"它们，并在进一步的展开工作中，与来访者一起体会并获得其中蕴含的意义。"看见"仍然要通过体验，而不是通过思考，尽管体验难免会错位，但正是这种与来访者一起体验的互动过程，让他们的自体在关系中不断呈现的同时又有机会被协调——指向那些体验中的情感部分，这让来访者一直处于被在乎和有人与自己一起面对的感受中，并在失去这个位置的时候得以修正。

只要互动，就会激活渴望和恐惧。而对此的协调（同调）意味着让来访者处于一个不再重复的体验当中。情感协调的本质是一种贯彻始终的共情，体谅并支持来访者在渴望与恐惧中徘徊。因为经验组织原则一直在发挥作用，当旧的经验组织原则仍然存在时，说明来访者对重复的恐惧依然存在。在新旧原则交替时，希望与恐惧就会交替出现，在新的原则开始被确定和不断巩固后，来访者对重复的体验不再是恐惧，而是可以识别和理解它的存在，在不断被情感协调地回应中，恐惧被新的体验代替，移情从重复维度不断地向自体客体维度移动。

双元视角及情境主义

主体间性的实践扩充了对单一主体理解的视野，当将另一个主体纳入到被理解主体的情境之中时，这个主体同样是一个有自体客体需要的变化中的主体。主体间的互动正是在这两个有各自的主体性、既需要彼此又可能互相理解的人组成的变化关系中。

只有在承认另一个主体的需要和局限时，才能在主体间交互的区域相遇和碰撞，这不仅仅是对咨询师反移情的理解视角，更是人类关系的本质所在。**所有人都渴望被理解，所有人又都有理解他人的局限性**，正如哲学家汉斯·伽达默尔（Hans Gadamer）所言**"所有的意见都是偏见"**。承认偏见的客观性，不是放弃理解，而恰恰是一种理解的姿态，它将理解的框架置于情境之中，这将病理学视野从成长史背景扩充到当下的、生动的、动态变化的体验当中，而咨询师主体作为情境的一部分，不再仅仅是一个解释者，而是带着自身的主体性参与其中。对于偏见客观存在的承认，不会让咨询师认为不理解是自己的工作有问题，并试图克服不胜任感，而是愿意不断靠近来访者所处的情境，直到来访者的体验得以完整地被理解。

这个过程的重要性大于咨询师的解释和分析。正是承认自身的理解因偏见而存在局限，以及承认对他人在不同情境下的偏见的客观存在，让人类彼此之间可以尝试这种稀缺的、深入的互动。这种尝试以及彼此在努力中不断地相互靠近，让人们对获得理解产生了更多的希望。

共同体验：情感安住——更深的共情

很多关系都卡在了与情感创伤的相遇之处，但一些咨询师与他们的来访者保存了勇气和信心，在无法安住的情感深处待在一起。"待"——我想用这个更通俗的中文来表达那种看上去做不了什么、又没有逃走的状态。尽管也可以用"陪伴"这个词，但总有一些两个主体不对等的感觉，而"待"是两个人共同处在某种糟糕的感觉里，彼此的感觉很像，而不是一个人很难受，另一个人是安抚者。对于那些无法忍受的痛苦而言，解释或者其他的语言都难以构成理解，而彼此分享、一起经历那些难以消除又一起体会的过程本身——即做不了什么，却待在一起——就成了很了不起的事，罗伯特·D.史托罗楼（Robert D. Stolorow）将这个过程称为**情感安住**（emotional dwelling）。

主体间性系统理论对共情的贡献是难能可贵的，他们在将情感作为治疗主线的视角下，对情感创伤有更深入的体验，并将共情拉到了更深的位置。这得益于两位观点提出者的独特人生经历和难得的彼此相遇，而他们的实践大大拓展了自体心理学工作的临床深度。

史托罗楼在很多文章中提到过他的创伤经历，他在创伤之后很长的一段时间里，感受到周围世界带给他的可怕的疏离感和孤独感。

> 在 18 个月前，Daphne（我的妻子）去世了。我的世界崩塌了，我充满了惊恐与悲伤，在《存在的情境》刚刚出版后的一次聚会上，很多人是我的老相识、好朋友和非常亲近的同事，当我环顾会议大厅时，他们看起来是那么的陌生和奇怪，说得再准确些，我自己看起来是那么的奇怪和陌生，根本不属于这里，他人看起来充满活力，彼此活跃地交谈。我完全相反，麻木和心碎，和以前曾经也很热情的我判若两人。一个不可逾越的鸿沟出现了，似乎把我与朋友和同事永远地分开了。他们可能永远无法彻底了解我的体验以及我对自己的看法，因为现在我们在两个完全不同的世界里。
>
> ——《体验的世界》

幸运的是被他称为"灵魂兄弟"的乔治·阿特伍德（George Atwood）——另一位著名的主体间性系统理论的代表人物——是唯一一个在他崩溃的时候给予他情感安住体验的人，他对史托罗楼说，"你是一个被毁灭的人，你正在一列不知道开向哪里的列车上。"阿特伍德在 8 岁时失去了他的母亲，他一直在精神病院工作，理解和帮助那些看上去已经和这个世界分裂的人。从史托罗楼和阿特伍德的大量合著中，可以看到他们对人类存在状态的深度理解，他们彼此深知关系断裂中的恐惧，以及在黑暗中无人陪伴的人类焦虑的本质。史托罗楼认为，这种在黑暗中的共处并未带走对丧失或死亡的恐惧，而是让那些难以忍受的感受变得更容易耐受些，并使人们在这个过程里对未来保留着一些希望。

情感安住的共情是治愈创伤的一个必要过程，创伤的形成来自一个人早年在糟糕经历后无法获得他人对其痛苦感受的理解。而这些感受是令人毁灭的、失序的、无法忍受的。养育者**情感协调的失败**（mal-attunement）致使没有人为其提供一个**关系的避难所**（relational home）。事实上孩子经历的体验对于父母而言有可能同样是无法面对的，比如，女儿被养父或亲友侵犯，有些母亲会通过否认事实而去回避体会女儿的经历，而这对女儿来说是极其糟糕的，她们不得不质疑自己的体验，直到几乎相信就是自己太糟糕了，是自己的问题。出于在这个家庭继续生存的需要——母亲仍然是那个照顾自己生活的人，他们带着这样的经验组织原则"我是一个不受欢迎的人"生活多年，而在当下咨询中体验到的情感连接，再次把他们带回到创伤体验中，在"我想被好好地对待"与"我是一个令人嫌弃的人"之间徘徊。

他们很难在一些解释下改变他们的自我认知，除非你和他们一起进入创伤体验的情境当中，只有真实体验到其遭遇的痛苦及无法获得帮助又不得已以一些解离的、深感羞耻的、自我厌恶的方式存在时，这段关系才开始带来新的体验。如果咨询师在面对创伤时表现出无法应对或者隔离，比如以同情代替共情，就会激活来访者的愤怒，或者咨询师表面理解但并未靠近体验，都会令来访者再次受到创伤的威胁，他们会感到自己是不正常的、令人为难的，自己的想法和做法是难以令人理解的，自己是无能的，等等，他们会在咨询关系中再次体会到类似的恐惧——是自己在破坏这段咨访关系。

情感安住意味着咨询师几乎无法避免来访者的投射，他们实在太恐惧再次孤零零地处于创伤的体验中了，因此对于咨询师的某些努力尤为感到不满，比如解释与安抚，他们需要你说清楚他们的体验，这包括创伤本身的糟糕，以及他们在创伤之后形成的自我认知；他们需要你不去设法改变这些认知，而是在嵌入的情境中深刻地理解其有问题的经验组织原则，并将这种理解呈现在你的态度之中——情感安住。安住意味着你深知那种无力绝望，又不急于解决什么。

待在一起的过程恰恰是来访者早年无力应对的父母们需要提供的与他们一起面对痛苦的必要过程。**安住意味着对来访者痛苦的承认，意味着他们不应该孤零零地待在另一个世界里，安住也意味着人类需要对恐惧体验的共同承担，安住还意味着让那些糟糕的感觉不那么令人难以忍受，安住重燃了可以从以往的困局里走出来的希望。**

创伤不仅仅由事件构成，也包括在长久持续的积累体验中情感协调失败所造成的后果。可以说对于自体无法获得健康发展的个体而言，创伤体验是普遍存在的，因此也可以说情感安住的共情工作是不可或缺的。科胡特所言的共情被比喻为"穿上别人的鞋子"，即设想在他人所处的情境中自己会有什么样的感受及内在状态，而安住需要调用类似的感受，而不仅仅是类似的经历或进入类似的情境，例如，当你没有被性侵的经历，或者难以进入来访者的情境（穿上别人的鞋子）时，你可以先去体验并触碰到一些自己也难以触碰的感受，比如羞耻，你会渐渐发现自己的防御，你在无意识地和这些感受保持距离。

作为咨询师，我们每个人都有暂时无法面对的无意识主题，因此避免了与它们的相遇。而安住恰恰是一种对那些糟糕感觉不断靠近的过程，它更像是对我们每个人的挑战和机会，在那些以往难以面对的感觉中更多地停留，你终将发现，恐惧也许是无法战胜的，但当你可以走进黑暗，并且不只是你一个人在那里时，你和恐惧的关系开始变得不同：你认识它，知道它的意义——那些对情感断裂的害怕；但你有了不同的选择——寻找那些认识和理解恐惧的人一起面对，史托罗楼将这类人称为"黑暗中的兄弟姐妹"。

移情的两个维度

在双元视角下，移情被视为某些与自体需要相关的感受在不同的互动中进入到意识或回到无意识的双向移动，即自体客体维度和重复维度。无论哪个维度都在指明移情是由双方构建的，无论是哪一方无法靠近某些糟糕的体验，移情都会朝向重复维度移动；而对此的识别和理解，将使移情再次移动到自体客体维度。

可以看出在主体间视角下，移情不再是来访者的主体世界的无意识流动，而是一种关系本质，在关系里移情不仅时时存在，而且不断地因互动的变化而变化。所谓的动力学不是一个被观察的现象，而是在两个动力相互作用之下的一个动态系统，咨询师是其中一个动力的重要贡献者。

可以说，移情的两个维度与自体心理学的前缘后缘异曲同工，无论是移情维度的移动还是前缘后缘的切换，都将工作的视角置于主体间的互动之中。相对而言，主体间更强调互动中的情感协调，对来访者对重复的恐惧有更深的理解，因而会相对灵活地给予回应和干预。而自体心理学更注重自体保存的需要，以及对后缘的识别和前缘视角的坚持，因而会在持续的共情之下不急于改变。我的经验是两种治疗框架是相通的，前缘后缘的切换视角使咨询师对移情的工作更加细腻，当识别出两个主体的不同前缘后缘组合^①时，咨询师能够更加清晰地了解移情的位置和形成的原因，并以此调整工作的节奏。而主体间持续的情感协调更多地围绕情感体验进行工作，在每个当下的互动中不断地移回到移情的自体客体维度。

---

① 咨询师与来访者的前缘和后缘会产生四种不同的主体间组合，分别是：（1）来访者的后缘遇到咨询师的前缘；（2）来访者的前缘遇到咨询师的后缘；（3）来访者的后缘遇到咨询师的后缘；（4）来访者的前缘遇到咨询师的前缘。

第三章

理论框架与临床思路

第一节　理论框架

无意识的核心：自体客体需要

我们先来看看临床中的困境：咨询中的第一手材料往往是症状，而咨询师需要做的是到达来访者无意识的核心，了解其自体客体需要。但这个过程往往会被卡在精神世界的表层——那些由分析获得的各种心理表征。自体心理学认为，扭转这种困境的根本来自精神分析工作者是否能够以共情的方式来探知精神世界，是否可以暂时放弃思考，更信赖感知觉。

作为一个实证的科学家和临床的精神分析家，我不是以推论去得到我对于人的破坏性的观点，我的理论综合论述来自实证材料，透过研究被分析者对他们体验的谈论……我们在移情中所面对的攻击并不是心理的基石——不论他们是表现为"阻抗"还是表现为负向移情……攻击常常是咨询师行动（尤其是咨询师的诠释被个案体验为共情的失败）的结果。

——科胡特《自体的重建》

　　科胡特认为，攻击只是通往心理"基石"的"中继站"，基石是指关乎精神存活的自体客体需要，而攻击只是自体存活受到威胁时的反应。只有穿透这些表面的心理活动所代表的冲突，才能到达深度理解的核心，我们所观察到的攻击行为（或任何其他反应）只是心理表象，更本质的需要藏在这些心理表象的背后。

　　攻击是不是人的本能？这个问题需要在动机运作的体验中去理解。一位来访者叙述在他的梦中父亲去世了，这引起了他的困惑与不安。在体验中他觉察到这个梦带给他一种轻松感，尽管他醒来后被梦到的内容吓到了。轻松的意义在进一步的体验中显现出来，他说"那个控制我人生的人消失了，我并未因此而感到难过"。这就是他梦里的真实体验，这种感觉和意识中的感觉是不同的。当再次回到被控制的体验时，他说，"那是一种窒息感，我从未有机会自己来决定人生"。当我们不急于思考意义，而是转向体验时，在捕捉或一起寻找、命名感受之后，意义随之显现出来。这个例子告诉我们，攻击并不是动机本身，它只是对丧失自我决定权的糟糕体验的反应，正如这位来访者的真正动机并不是伤害父亲，而是希望结束父亲对自己控制所带来的失去自我的窒息感（通过幻想父亲死亡）。

　　共情让我们在体验中穿透各种心理现象的表层意义，从而理解窒息感来自于探索－坚持动机中的愉悦体验被压抑。需要我们解释的正是这些关于自体存在与发展的无意识主题。

欲望的平衡因子——恐惧和羞耻

　　无意识中的欲望总是伴随着恐惧和羞耻，它们构成两个平衡因子，使欲望处于不同的无意识水平，我将这种欲望与平衡因子共同构成的无意识动态存在称为平衡态。欲望增加，如果没有获得理解性的回应，恐惧和羞耻也会随之增加，并因此启动更有效的防御，以抵御糟糕感觉的侵蚀，同时欲望也会被压抑到更深的位置。而当欲望获得理解性的回应时，恐惧和羞耻就会减弱，欲望将会有更多浮现的可能（见图 3-1）。

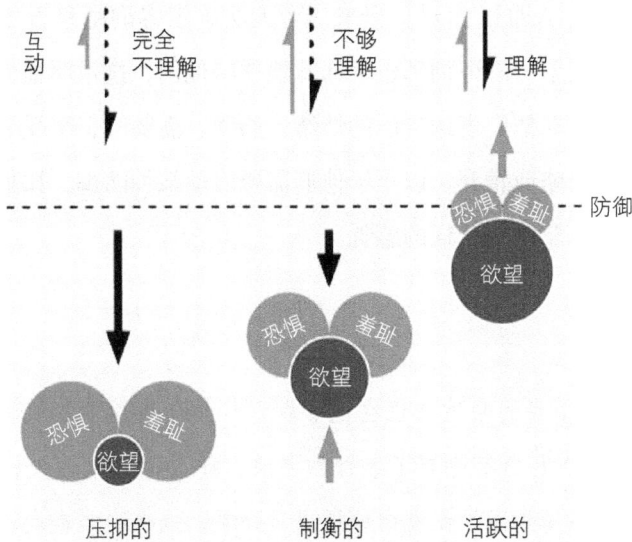

图 3-1　在不同回应下的平衡态

　　恐惧是一种极度的害怕，是一种对自体感的根本动摇。恐惧可能来自被剥夺或被嫌弃的体验，与丧失确定的依恋关系有关。伴随着孤独、无助、绝望，恐惧最终指向与人的情感连接的断裂。而羞耻同样是令人难以承受的，它包含无能、不配拥有等被嘲笑和被排斥的糟糕体验。人们通常会启动各种有效的防御手段，帮助自己远离恐惧和羞耻。然而它们并未消失，而是留在无意识里，在梦境或某些事件中激活。

　　缺乏自体客体回应的来访者都有不同程度的恐惧，有些表现为持续的焦虑、疑病、强迫；有些可以保持表面的稳定，说明他们正在防御对恐惧的体验，比如使用理智化、隔离等。无论以何种方式防御，其背后无一不在呈现共同的主题——对情感连接断裂的恐惧：没有人在乎、支持或帮助自己，自己会被这个世界抛弃。他们的经验组织原则往往是"没有人会在乎我的""我是一个不值得爱的人""我不配提出需求"，等等。

这些自我认知通常是无意识的，如果去体验就会发现其中包含的感受是极其糟糕的，简直令人难以面对。当来访者无法确定咨询师是否也会这样认为时，他们倾向于投射——咨询师也会如此地看待他们，这说明他们恐惧再次经历以往的重复——在他们表达自己的情绪、感受、需要时，感受到的不是被理解而是被排斥、忽略或嫌弃，以至于他们需要启动某种防御，比如投射、隔离或否认来终止去体验这些糟糕的感觉。

案例 3-1 ....

　　一个 20 多岁的来访者说在他 8 岁那年父母离婚了，从此他再未见过他的妈妈。10 岁那年他有了继母和弟弟，此后他基本住校，逢年过节才回家。他来咨询是因为女友向他提出了分手，他感到非常崩溃，觉得一切希望都没有了，他想到了死，尽管只是想法，但这把他吓到了，绝望和孤独在他的心里蔓延。

　　他找到了心理咨询师，一位刚好有个上小学的儿子的女性。她非常心疼眼前这个年轻人，耐心地倾听他的故事，眼泪几度在眼圈里打转。她对这位年轻人说："你本该有个家的。"这句话击中了她的来访者。在他眼里，家只属于弟弟，他早已是个外人，直到认识了女友，她给了他希望，他曾期盼和女友一起建立一个自己的家，但在她提出分手的那一刻，他跌入了深渊，十几年来支撑他的外壳——没有人在乎我，我也不需要任何人——碎裂了。在见到咨询师时，他仍带着伤在重新拼凑自己的外壳。他尽量理性地叙述，不希望咨询师看到自己崩溃的一面，他在冷静地讲述

"自杀也许是一种解脱"。但咨询师带有情感的回应让他内心产生了一些微妙的变化。他发现与咨询师第一次见面时自己说了很多话，而且很期待下一次见面，并说让咨询师放心，自己不会真的自杀。

然而在第二次见面时，他陷入了沉默，这让咨询师感到有些诧异。来访者说上次咨询后，回去的当天感觉特别好，他觉得咨询师可以帮助他从痛苦中走出来，但第二天感受开始变得糟糕起来，他觉得自己幼稚可笑，并认为自己说了很多无意义的话，比如关于家的期待，本来自己早已熟悉独自应对生活，他觉得咨询师在同情他，并觉得不应该指望一个陌生人来帮助自己，自己的懦弱就是在给别人添麻烦。

在这个案例中可以发现，在来访者重燃希望的同时也激活了他再次丧失希望的恐惧和被嘲笑与嫌弃的羞耻，以至于他又回到了压抑欲望的位置。"希望"对他而言是危险的，当他在童年无数次想念妈妈时，以及在哭泣却没有人听懂他的悲伤时，他总是听到爸爸的训斥"她都不要你了，想她干吗"。他只要想念妈妈，就会陷入极度的痛苦之中，直到他觉得是自己不好，妈妈走肯定是有道理的，从此埋葬了这份渴望。而咨询师，作为一位温柔的女性，使他的希望被重新燃起，但他如此地害怕再次丧失希望，只好将自己拉回到"壳"里。

自主性与平衡态——在互动中平衡态的移动

我们可以看到，在无意识里欲望总是与恐惧和羞耻纠缠在一起，并构成某种"要"与"怕"的平衡，而不同比例的"要"与"怕"，组成了瞬息万变的平衡态。

咨询工作中的互动会激活更多的体验，因此来访者的自体客体需要随时处于激活和压抑的变化当中，这意味着移情因不同程度的理解和回应在两个维度之间不断地移动。

这里的理解不仅是指对自体客体需要本身的理解，还包括理解来访者在需要被激活时所体验到的恐惧与羞耻以及对它们的防御。咨询师需要作为共同体验者，与来访者一起靠近恐惧和羞耻。

在此我们可以看到情感安住的必要性，因为在这些糟糕的感受被激活后，来访者的内在开始处于激烈的震荡之中，在"我要"和"我怕"中来回摇摆。"怕"的体验尤其令人难耐。来访者无法在听见一个由局外人给出的解释时感到安宁，因此他们会无意识地将你拉进他们的糟糕体验中。但他们并不会直接地向你表达，而是以沉默、烦躁、愤怒、请假甚至提出结束咨询来表达。只有当你和他们的体验待在一起时，才有机会了解他们无数次在这个位置搁浅，糟糕的感觉演化成情绪和行动，又在被无数次误解后陷入痛苦的循环。他们无意识中的希望是找到痛苦的答案，所有的表象都意味着他们的感觉很糟糕，但他们还无法想象自己可以被人理解。

恐惧和羞耻与欲望如影随形，但在咨询中我们通常不会先触碰到来访者的欲望，而是遇到与恐惧、羞耻相关的症状或防御，因此我们可能一开始很难搞清楚来访者为什么而来。**自体心理学指明了清晰的工作方向，即防御的背后是关乎自体存在与发展的自体客体渴望。**虽然我们先看到的是防御背后难以触碰的糟糕体验——恐惧和羞耻，但它们只是伴随欲望的两个平衡因子，它们恰恰反映了来访者早年与养育者的互动中情感协调的失败程度，越是失败的回应越会令自体感产生动荡，这种动荡通常令来访者体会到被嫌弃，甚至被抛弃的危险，因而不得不设法压抑自己的欲望，并认同养育者的态度，将问题归为自己，以免在失败的回应中再次体验糟糕的感觉。

咨询师需要了解谈话触发了什么糟糕的感觉，并可以进入到体验当中。在体验中既要看到恐惧和羞耻，又要看到它们背后的渴望。在案例 3-1 中，来访者担心自己的需要会令咨询师感到麻烦从而招致嫌弃，而这些无意识的冲突同样也存在于咨询师的内在世界中，比如咨询师可能还难以启动体验，去感受与来访者类似的被嫌弃的糟糕感觉，即处于制衡的平衡态位置。在图 3-2 中可以看到咨询师的平衡态对理解来访者的影响。当咨询师无法靠近那些糟糕感受时，他们需要保持防御，因此无法做到理解性的回应，或者只能做表面的理解；当咨询师可以谈及却无法靠近恐惧和羞耻时，就会和来访者一起处在既要又怕的冲突中；而只有当咨询师可以陪伴来访者一起深度体验，穿透恐惧和羞耻，并理解它们的意义时，才能到达对欲望的理解。

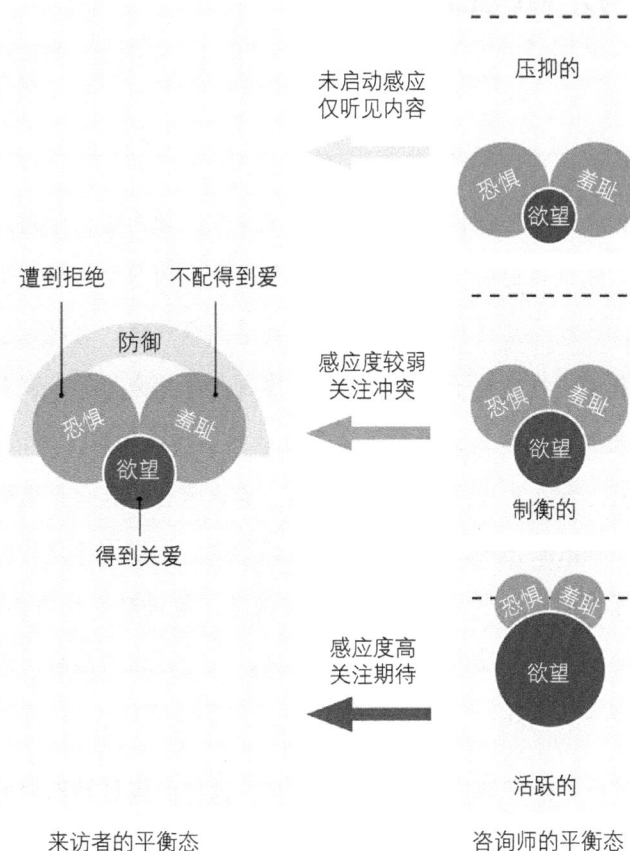

图 3-2　咨询师的平衡态对理解来访者的影响

尽管来访者在咨询中激活了某种渴望，但他仍会用自己熟悉的经验组织原则应对当下的咨访关系，即倾向于否认自己的情感需要。例如在案例 3-1 中看到的，来访者会在咨询师的同情下激活被在乎的渴望，但他的羞耻和恐惧也随之而来。咨询师需要在进一步的互动中体会来访者随后激活的糟糕感觉，才有机会理解来访者的自主性所发挥的作用，即他的平衡态向压抑位置的移动正是出于他对避免被嫌弃的自体的保护。

在互动中与无意识主题相遇

案例 3-2 --

来访者是一个自称爱发脾气的全职主妇，她向咨询师表达了她对丈夫的不满。她说咨询的目的是调节自己的情绪，因为每当看到丈夫独自在玩手机时，她就会觉得自己被忽略，因而感到很气愤，有时她会将情绪发泄在孩子身上，打骂孩子后又很后悔。咨询师感到来访者在家务上的付出没有被丈夫看见或承认，因此表达了对她的委屈的理解，来访者听后哭了，并且询问为什么丈夫从来不承认这些。咨询师告诉她如果感到劳累也可以像丈夫一样放松休息，来访者说回去试一试。令咨询师意外的是，在咨询当天的深夜咨询师收到来访者的微信消息，她说对今天的咨询非常失望，觉得咨询师什么都没做，对她毫无帮助，这令咨询师感到不解，并对自己的能力产生了质疑。

为什么咨询师的理解让来访者感觉糟糕？这样的场景并不少见，如果仔细体验，你会发现委屈和不满只是来访者表面上可以和咨询师谈论的部分，而咨询师的回应虽然让她获得了安慰，但也错失了让来访者去感受更糟糕的部分的机会。"被忽略"的感受需要进一步被看见，它很可能是更糟糕的，比如无价值感、不被喜欢、不被在乎，而这些体验会令人感到羞耻，来访者在讲述时很可能已经激活了这些体验，她的委屈意味着"不论我怎样努力，我在别人眼里都毫无价值"，而咨询师对她可以放松休息的建议，很可能激活了来访者更深层的羞耻感——她无法做到像丈夫那样放松，她觉得自己是不配的。她的确感到了被咨询师关心、在乎，但她的渴望也激活了自己的羞耻感，而咨询师并未在更深的位置体验，比如去体会她的坏脾气，在那些烦躁的背后是哪些更糟糕却无法言说的感觉，来访者让咨询师看见了丈夫无视她存在的一幕——无足轻重的卑微，也担心咨询师嘲笑自己发脾气的样子，这些体验让她感觉越来越糟糕。从微信里的内容可以看得出，她将不满投射给了咨询师，以此处理这些糟糕的感觉。

来访者的投射很容易令咨询师感到困惑，同时也会激活咨询师的挫败感。咨询师很可能处在与来访者类似的防御位置，去触碰无价值感、不被喜欢的感觉同样令咨询师感到无力甚至羞耻，因此咨询师很可能在以同情替代共情来回避被贬低带来的无价值感。来访者的糟糕情绪需要咨访双方一起去体验，比如在什么情况下来访者会恼怒到要打儿子。咨询师对委屈的同调工作并没有错，但这是不足够的，也就是说咨询师既要看到来访者被认可的渴望，又要看到其努力却被无视所带来的对自体感的破坏，它们隐藏在"坏脾气"的背后。来访者表面上看是要调节糟糕的情绪，实际上是在寻求有人理解她烦躁背后令她痛苦的、更深层的、各种自体发展仍未完成的议题。

自体心理学将关系的动荡视为一次重要的工作机会。在互动中咨询师的某些解释或回应一定会激活来访者更多的感受，而最初咨询师可能还没有意识到来访者的反应是一种提示，它意味着两个主体存在着各自的偏见——在不同的历史和情境中存在着差异。他们有各自不同的经验组织原则，咨询师可能认为"人应该有能力处理自己的情绪""辛苦就多休息，不必向人抱怨"，而背后的经验组织原则很可能是"向人表达情绪，只能显示出自己的虚弱无能"。而来访者以表达不满来拉动咨询师进入其糟糕的世界中，从咨询师反移情的强烈程度可以反推到来访者"用力拉"的程度。一方面，说明来访者的内在体验的糟糕程度，另一方面也说明在这段新的关系里，她如此地希望不再被拉回到以往熟悉的糟糕体验中——是自己有问题、是自己不好令周围的人厌烦，是自己推远了所有的关系。

在这个关键的时刻，咨询师只有找到一些体验的线索，即从感觉出发来回溯谈话中有强烈体验的部分，才能发现在这些感受的背后，藏着引发来访者痛苦的主题。从来访者体验的线索中咨询师可以感受到其自体的脆弱，以及在当下关系中表面的平静下无助的呼喊。而咨询师保持自身稳定性的需要也是可以理解的，人的无意识防御总是存在的，这无可厚非。真正的挑战是我们能否意识到这一点，即承认"虽然自己在努力地理解来访者，但又常常是不理解他们的，理解需要一个过程"。**理解的过程就是不断地在错位的地方停下来，并开始在某些重要的节点进入体验。**

在案例 3-2 中，来访者对自己打骂孩子的失控是懊悔的，她无法面对自己糟糕的情绪，而去体验这种失控状态对咨询师是有挑战的，比如激活自己被父母训斥的创伤体验，或者自己在情绪失控时的羞耻感。在听到这个信息时，咨询师可能并非没有反应，而是还无法进入体验。

来访者的痛苦意味着她处在欲望与恐惧和羞耻同时被激活的状态，咨询师如果进入体验，就会与来访者的冲突位置靠近，而打破之前相对稳定的平衡态。那些对被认可的渴望以及担心表达会带来关系的动荡不安，可能同样是咨询师自己成长与发展中的主题。咨询师也可能与来访者的欲望更靠近，即承认自己的需要，因此更容易在来访者的委屈（委屈意味着认同自己的需要，但停留在无法理解为什么别人不知道的压抑位置）的位置去理解与回应，但如果咨询师也在用压抑的方式处理委屈，那么很可能咨询师在关系里同样存在着恐惧和羞耻，比如担心被嘲笑为无能或脆弱并因此失去关系，从而觉得只有自己努力和独立应对，才会获得认可和喜欢。

咨询师需要捕捉到来访者的渴望中的不安，它们是一种以往经验的重复。在以往的互动中，对方的态度吓到了他们，而不是他们真的那么糟糕。他人看起来如此地失望，以至于对来访者失去了协调的反应（虽然你错了，但并没有那么糟糕）。因此来访者的渴望被那些糟糕的回应包裹了起来，每每遇到类似的情境，先激活的都是这些令人崩溃的糟糕感觉，而这层包裹如此之厚，使他们很难相信还有其他可能。

事实上，父母失去情感协调的反应源于孩子犯的错正在激活父母的不安，在父母无力理解这些不安背后的无意识主题时，他们只能用控制孩子的行为（如对孩子的哭泣和委屈更加恼火，从而进一步指责孩子），来减少这些糟糕的体验从而恢复自体的稳定，他们的态度越严厉说明他们自己的体验越糟糕。

如果还原孩子的体验，会发现他们正处于非常冲突的无意识状态，既渴望父母帮助自己——他们正因发生的事情感到困惑、无助，同时也在担心自己给父母带来麻烦而让父母生气。这种"要"与"怕"的冲突本质是希望与父母保持情感连接，孩子需要感受到无论发生了什么，父母都会安抚和支持他们（理想化的需要）；父母信任他们经历的错误或失败不是因为他们太弱或太差，他们有能力学习或成长（镜映的需要）；以及父母分享自己的经验或者与他们一起讨论分析，理解所发生的一切（孪生体验的需要）。

而咨询恰好是在一段互动的关系中再次创造机会，促进这些理解的过程，咨询师可以通过体验识别来访者那些糟糕感受下面被理解的渴望。

在双元视角下完成理解

案例 3-3 ....

　　一位来访者叙述了小时候的经历。他偷了父母的钱,被父母发现后,父亲觉得这种行为必须制止,否则孩子就会学坏,于是在训斥的同时打了他。母亲虽然心疼,但也觉得孩子应该受到惩罚,严厉惩罚才能让他长记性,于是并未劝阻丈夫。

对于孩子而言,这显然是一个创伤事件,父亲的愤怒令孩子恐惧,让他感受到与父母情感断裂的威胁,训斥的话语让他感到无地自容。在哭泣时,平时心疼自己的妈妈也显得冷酷无情,这让他动摇了对关系的信心,开始认为是自己太糟糕了。然而他无法知道父母为什么会对他如此严厉,事实上可能是父亲的某些不安被激活,比如担心不纠正这个行为会毁了孩子的一生,而这让他很崩溃,他需要让这个可怕的事情可控,绝不能再次发生。而母亲一直惧怕严厉的丈夫,担心如果劝阻会惹火上身。

> 咨询师:我猜小孩子需要用钱买一些好吃的或好玩的,而爸妈不给钱才会偷偷地拿,你是这样的吗?
>
> 来访者:是。我家实际上挺有钱的,但我爸妈总喜欢管着我,买什么都由他们决定,我每次和他们去商场,他们很少问我喜欢什么,我说了也没用,他们总会说这个不好或者没用,要不就是说你还小,长大了再买。我那时候偷钱就是为了买我喜欢的漫画书还有游戏卡,他们总说我太贪玩儿了。

不难发现,当动机本身被还原时,理解就会变得容易。玩游戏会使孩子在

探索动机驱动下获得胜任感，而在学习中，有时胜任感会因遇到困难而动摇，重复性和过重的作业可能引发厌恶动机。如果父母理解玩游戏并不是一个不可控的事情，并在乎孩子的感受，就会给予他们鼓励和支持。那些过度控制的父母往往自己处于某种焦虑中，同样，咨询师也可能存在着类似的焦虑，即自己是否能帮助来访者，让问题得到解决。而只有慢下来去体会来访者的各种情绪和行为背后的动机，才能真正地帮助到他们。

在双元视角下，**我们需要理解"理解者的困惑"**——父母的内心里发生了什么。当他们作为养育者需要陪伴孩子成长时，就不得不面对一系列新的人生主题，比如，如何对待自己的需要，以及如何处理由孩子的问题引发的挫败体验，这关乎他们的夸大需求（对他们在养育者位置上的努力和付出给予肯定）和理想化需求（在遇到挫折和感到无助时获得支持与帮助）。如果他们觉得表达自己的需要是自私或者无能的，他们就会在感到劳累或挫败时以压抑或者发泄情绪的方式来表达。

本来父母感到挫败是可以向孩子表达的，但如果他们被表达带来的羞耻所扰动，就会转移成对孩子的责备，比如说孩子"不懂事"。这种交流虽然可以让孩子体谅父母的辛劳并减少自己的要求，但父母投射在孩子身上的责备往往是过重的，从而造成了孩子的自体损伤，让孩子感觉到在父母不开心时提要求是过分的，是自己不懂事儿。当父母无法消化"自己也有错"的无能感并责备孩子时，孩子的委屈会引发父母的不安，进而产生防御——怎么可能是我错了，就是你的问题。此刻父母遇到理解孩子的困难，他们的本意并不是伤害孩子，而是处理自己内在的糟糕感觉，他们很希望自己对孩子的批评是有效的，即孩子可以不带情绪地认错，让他们可以尽快远离由事件所激发的自己无法应对的感觉，而孩子无从知晓连父母自己都不清楚的无意识冲突，他们在被责备的体验中没有空间再给予父母理解。

父母在与孩子互动中的无意识需要是与孩子的情感连接，他们希望获得孩

子对自己的在乎。那些希望孩子"懂事"的要求隐含着父母的需要——不用表达，孩子就能理解自己。而这一切都是无意识的。如果父母不能在情绪平复后有空间去体验孩子的感受，以及理解自己糟糕情绪背后的需要，那么这种重复的关系必然让孩子将欲望包裹起来，以应对那些看上去太可怕的体验，即表达会令一切更糟糕。

这是人类共同面临的困局，人们常常在防御失效时在痛苦中煎熬，欲望（想被好好对待）和害怕（想被好好对待的念头令人不安）撕扯着他们，让人们不得不寻求帮助，如心理咨询。共同困局中的人当然包括咨询师，而来访者的痛苦会将咨询师从以往的平衡态拉到他们的糟糕世界里。在如上复杂的内心纠缠中，来访者需要有人承认"没有人理解他们"是存在的；也希望咨询师不会像父母那样认为"全是来访者的问题，他需要改变"；同时渴望咨询师有勇气和信心靠近他们的内在体验，以及在互动中面对咨询师自己的真实感受和需要，和他们一起完成对关系中各种自体客体需要的理解。

来访者糟糕情绪的背后不只是无助的挣扎，也有他们无法放弃的对于被理解的期待。这来自他们的真实体验，无论是当下的还是早年创伤中的，那些厚重的压抑之下一定有什么是他们无法放下的、正常的、不过分的需求，即所有在亲密关系中的情感连接，它们来自人性的本能，是每个人都认同的需要。

在穿透恐惧和羞耻之后，我们会发现一条清晰、简洁的线索，与人们的各种自体客体需要相连。对咨询师而言，与来访者互动的保持是挑战也是机会，当咨询师能够承认自己没有理解来访者，承认并面对自己也遇到了同样需要被理解的主题时，比如在咨询里激活的无能感所带来的羞耻体验，以及自己对被信任的需要。咨询将有机会打破来访者与父母互动中卡住的位置，最终咨询师与来访者会一起看到曾经被压抑的渴望，不再陷入重复的害怕中，识别这些恐惧和羞耻，不再设法防御它们，并在可以面对的同时共同前行。

第二节　工作主线

两条主线

在自主性的主导下，来访者总是以不同的方式、节奏、角度来呈现他们可以表达的部分，而心理咨询工作的主线是理解他们在关系中的需要——那些无法进入意识和直接表达的无意识主题。正是这些具有重要意义的需求未被理解或允许，来访者才不得不在无意识的驱动下，以某种方式来应对由此带来的痛苦。

在咨询中有两条主线，一条是可以直接观察到的，即进入意识中的主线，它大多由来访者的叙事以及他们的想法、行为和部分感受构成；另一条是隐藏在这条主线之下的无意识主线，它的核心是驱动自体发展的各种自体客体需要，以及与这些需要相关的、由以往经验中被忽略、否定、贬低等回应引发的羞耻与恐惧。防御让这条主线不会轻易进入意识之中，只有当理解不断地发生时，防御才会松动。在理解的关系里来访者不再有被嘲笑和被嫌弃的体验，而是可以不断地触碰那些以往无法应对的糟糕感觉。这时这两条主线就会汇聚到一起，在讲述、倾听、表达、回应中来访者的自体客体需要被发现并获得理解；而当某种无意识主题进入到谈话内容但未获得及时的回应和理解时，它们会再次激活来访者以往的体验，比如被嘲笑或被拒绝，随之而来的痛苦会再次让浮上来的这条主线隐藏起来。

防御会让咨询师感觉来访者没有需要，例如来访者会说"表达是没有用的"，因而无意识主线不容易被觉察，如果咨询师不理解这种看似否认的机制背后的需要，而是试图改变来访者认知或者面质他们，那么干预将无济于事，来访者正是在无意识地透露以往在关系中自体客体回应的缺乏，才会有这样的表达。

　　当你了解到来访者需要防御的感受是什么时，你就会体谅他在努力地抵御着什么。例如，一位深感不安的来访者总是希望咨询师告诉他解决方案，咨询师如果能感受到来访者的内在恐惧，就会明白他为什么如此地隔离感受。而只有通过体验，才能让无意识主线渐渐浮上来。**自体客体需要主线（无意识主线）的浮现是在互动关系中完成的，而互动围绕的线索是感受，感受是搭建两条主线的桥梁**（见图 3-3）。当你可以命名来访者的感受时，说明你在体验他的内在，而这个过程需要在嵌入的情境中完成，那些与形成感受相关的情境要素是理解感受的重要线索，它们提示着不同的自体客体需要或者经验组织原则（参见案例 3-4）。

情境化 ⟶ 体验 ⟶ 命名感受 ⟶ 获得意义

图 3-3　找到无意识主线的途径

案例 3-4 --

　　一位来访者讲述自己参加了一个朋友介绍的公益活动，他在活动结束后购买了活动推广的课程，但事后觉得自己太冲动了，自己并不是很需要这个课程，他觉得被朋友忽悠了，而且认为自己在碰到对自己很热情的人时往往会失去理智，经常干些蠢事。

　　在叙事中我们可以看到来访者在防御下所呈现的意识层面的主线：轻信对自己热情的人，缺乏理智。如果停留在表层的感受，比如冲动、不理智，很可能我们的理解会倾向于他对人的信任出了问题，会好奇为什么他感觉被朋友利用。但如果我们更关注无意识主线，就会好奇来访者为什么要讲这些？他到底经历了什么？他需要我们理解的是什么？

这条无意识主线隐含在一些感受之下，因此我们需要慢一些去体会此刻来访者的内在可能是什么感受。从他叙述的内容及语气中可以感到他非常懊恼和后悔，但真的是朋友忽悠了他，或者只是他冲动消费吗？令他感到愚蠢的真的是他冲动消费本身吗？这是一个什么课程？他到底是因为什么决定购买课程，而之后又后悔呢？

咨询师决定慢下来，想在来访者的叙述中找到一些重要的情感体验，于是她请来访者讲讲那是个什么样的讲座以及后续的课程是怎样的（情境化）。

来访者：我一直对心理学感兴趣，正好最近辞职了，有空学习。这是一个有关教练技术的培训，在课后有个演练环节，我扮演了教练，和另一位扮演者演练有关职场人际困扰的对话。效果挺好的，老师认为我挺有这方面的潜质，所以我一冲动就报了后面的课程。

咨询师：老师的话给你很大的激励吧，我猜你当时应该有些兴奋和喜悦（命名感受）。

来访者：是的，我当时觉得我做这个工作应该没问题，于是就报了课程。后来觉得不太合适，我担心我并不能胜任。最近我在找工作，投了许多简历都没有回应。我是做 IT 的，现在要转行学这个教练技术，简直是异想天开，我觉得自己想得太简单了。

从后面的对话中，我们看到来访者正处于自体脆弱的挫败体验中，他在讲座上激活了自己是有能力的、被认可的夸大欲望，并幻想着成为一名教练，在新的职业生涯中获得价值感。但在他缺乏自信时，这些想象似乎带来了不安，他对朋友的投射以及认为自己太冲动的合理化解释，都意味着他在防御对未来不确定的强烈不安和夸大激活所带来的羞耻感，这就是潜伏在感受下面的无意识主线。他需要有人帮他理解冲动背后的无意识渴望，以及有人在他迷茫、无助的人生阶段给予陪伴和支持，让他不至于陷入恐惧情绪，丧失信心。

咨询师在倾听中抓住了来访者重要的情感体验，即被老师认可后的兴奋和喜悦，这是一个理解的桥梁，它打破了来访者对自己的否定，让来访者回到了情境中，并感受到了自己对于胜任感的渴望，从而将自己在幻想中的期待以及由此带来的不安展现出来。情感作为理解的桥梁被史托罗楼称为情感的金线（golden line of affection）。

情感的金线

情感，的确像工作中的一条金线，是主体间互动中情感协调的线索，穿梭于两条主线之间。无论来访者有较多的情感流露，还是偏理性或沉默，情感体验每时每刻都存在着。咨询师需要在来访者的叙事中找到情感线索，以及在其防御启动时识别出这是针对何种感受的应对策略，并去关注防御背后的体验。

然而来访者往往不直接谈论感受，而是谈论问题以及自己的思考。如果想靠近来访者的无意识，咨询师就需要启动体验，让自己的感知觉活跃起来，让思考隐入后台，留意当下来访者的叙述中与感受相关的部分，这就需要咨询师先放松下来，放下那些访谈任务和咨询目标。

放松常常会让我们进入一种听不懂甚至有些懵的状态，这是头脑的思考工作停滞的表现，也意味着我们可能正在与来访者的无意识相遇。因此我们的语言会滞后，甚至表达不连贯、没有思路，表面上看像是一个令来访者失望、没有足够理解能力的咨询师，但咨询师并不需要避免这样的状态，如果急于表达出自己的"理解"，那么表面的解释通常会让来访者感觉你听不见他的表达，或者不明白你为什么这样解释。

一旦进入体验，咨询师可能会有不同的反应，比如感受强烈、平淡或者没有感觉。但只要慢下来，或者邀请来访者停下来一起体验，情感的金线就会浮现出来。有时来访者的叙述可能是混乱的、跳跃的、前后不一的、从情感回到理性的，等等，然而它们都是理解来访者的线索。这时咨询师可能会有不适感，甚至感受到来访者在对我们的话进行歪曲、否定，因此会激活强烈的反移情。而如果可以从体验中捕捉到来访者当下的感受，咨询师就会不去抗拒各种不适感，而是能够试着进入来访者的情境中体验他的内在正在发生什么——那些看似混乱的思绪和情感正是自体感动荡、防御强弱交替、无意识主题在两条主线中穿梭的表现。

这些理解会令我们做出更恰当的反应，比如在来访者躲开的时候等待，在其无助的时候陪伴，在其愤怒的时候容纳。这些反应会给来访者带来新的体验，让他们可以认识、熟悉自己的感受，而不是担心自己是令人不解的、奇怪的、不正常的、令人厌烦的、不受欢迎的，等等。当他们可以相信咨询师真切地看见了他们经历的痛苦，以及在挣扎之下被理解的渴望时，他们的无意识主线便会越来越清晰。他们将带着可以被容纳的恐惧和羞耻来面对自己的需要，在之后再次谈论相关经历时，他们会更多地使用词汇描述那些被识别和理解过的感受，而不再无意识地处理它们。

当感受清晰后，那些相关的无意识主题就会容易显现出来。当感觉得到同调的回应时，其中所代表的需求就不再需要压抑或难以表达，它们是所有人都需要的、自然的、正常的（见表3-1）。例如，"累"的感受意味着需要休息而不应被理解为懒惰；害怕的感受意味着需要保护，而不应被评判为胆小和懦弱。令人恐惧和羞耻的不是这些需要本身，而是他人给予的评判。而这些评判有文化道德的约束，也有人类自我保护的需要。人们排斥那些带来危险的、令他人排斥的、与他人相异的、所有动摇自体稳定的感觉。当养育者有了这些感觉时，他们可能会将强烈的情绪表达给孩子，孩子则可能会压抑自己的需要并认同父母的评判。而在咨询关系中，咨询师提供的是一种既了解来访者的恐惧和羞耻，又还原他们动机里的真实感觉的互动，在获得理解的前提下，他们将重新看待自己的需要，并可以尝试在现实关系里表达。

表 3-1　自体客体需要与对应的感受

自体客体需要	对应的感受	
	好的感受	糟糕的感受
夸大	令人喜欢的、欣赏的、敬佩的	无用的、无价值的、无能的、蠢笨的、比人差的、被嫌弃的、被厌恶的
理想化	被在乎的、支持的、保护的、有目标的、有人引领的	被忽略的、无助的、迷茫的、混乱的、无方向感的
孪生	有人与我相似的、相同的、彼此可分享的	怪异的、另类的、孤独的
自我界定	有存在感的、有位置的、有权利的	无存在感的、可有可无的、不重要的

找出并描述来访者的痛苦

案例 3-5

　　一位来访者在咨询中激活了很多悲伤的情绪，在咨询的上半节她一直在流泪，咨询师可以感受到她压抑得太久了，而且为她小时候所经历的创伤（挨父亲打）感到难过。当咨询师请她多讲讲创伤时，她的语气显得有些漠然，并擦干了眼泪，有些怔怔地看着咨询师。过了一会儿，突然狠狠地说了一句"我恨他"。尽管咨询师能够理解严厉的父亲让她很少感到快乐，但当"恨"这个字突然冒出来时，咨询师的心里还是紧了一下，一时不知道怎样反应。

随后咨询师与督导师讨论了自己的感受，并寻求督导师的建议。咨询师的内心并不熟悉恨的感觉，这对他而言太强烈了，他更熟悉的是内疚的感觉，认为父母并不容易，因此卡在了可以理解来访者的委屈、伤心的位置，却难以靠近恨的体验。督导师分享了"恨"是来访者在表达对受伤的强烈反应，然而她还无法一个人去体验细节，那些被打骂时令人崩溃的体验不得不被解离掉，她更熟悉的感觉是麻木无感，否则羞耻和恐惧可能早已毁灭了她，她非常需要咨询师的陪伴，才能渐渐靠近这些感受，督导师建议咨询师可以先将自己能理解的部分回应给来访者。

在下一次见面时，来访者不再悲伤，说这周过得挺好的，并表示没什么可说的，咨询师决定主动将自己的感受回应给来访者。

> 咨询师：上次我们聊得挺深的，我在咨询后还处在有些懵的感觉里，一方面觉得你小时候的经历太糟糕了，另一方面也觉得我不太能理解你，尤其你说"我恨他"的时候，我虽然知道你一定很受伤，但我无法想象那是怎样的伤，我感觉你被困在那里，好像没人知道你的伤，你也没法从你的痛中走出来。

来访者在随后的几次咨询里，可以渐渐地触碰那些糟糕的往事了，尤其是那些令她崩溃的感觉。来访者是家中唯一的女孩，尽管她非常地努力，但爷爷奶奶都很想有个孙子，后来他父母离了婚，而且从妈妈那里得知爸爸早已和另一个女人在一起了，他们有一个儿子。来访者在知道这一切以后再也没有和父亲有过任何联系，她说自己的努力已经毫无意义，作为女孩她将永远无法得到承认和肯定。

"恨"显然是一种情感线索，当咨询师未能理解来访者但承认这一定带给来访者极度糟糕的体验时，就有了理解的桥梁。当来访者感受到咨询师不是置身事外地分析或等待答案，而是在试图靠近她的感觉时，她就会通过这个桥梁向咨询师靠近，告诉咨询师更多的体验以及它们的意义。

　　情感线索将指向更深的核心体验即痛苦，而对体验的靠近程度决定了对痛苦的了解程度。当咨询师能够清晰地描述痛苦时，意味着可以贴近来访者的内在，因为痛苦常常是一些无法言说、自己不明白也解决不掉的、持续的糟糕感受。因此当咨询师可以命名痛苦时，往往意味着不仅理解了来访者的渴望，同时也理解了他的处境——即渴望与恐惧和羞耻的冲突位置。因此对痛苦的清晰描述意味着我们明白症状、现实功能紊乱、人际困惑等问题都来自未被理解的痛苦——那些被压抑的对自体存在和发展至关重要的欲望与由此带来的恐惧和羞耻之间的纠缠。

　　在案例 3-5 中，咨询师既要在体验中发现来访者的努力所代表的渴望，又要靠近自己不熟悉的"恨"的体验，才能逐渐感受到来访者的痛苦不只是小时候挨打所体验到的委屈和难过，在她"恨"的背后是与父亲情感连接的断裂，即她期待被爸爸认可的渴望彻底破碎了，她感到自己不论怎样努力都再也无法获得价值感，她的痛苦是一种更深的悲哀和绝望。

　　可以看出对来访者痛苦的描述需要一个过程，这个过程的意义重大，它让来访者感受到有人可以看到和看懂她内心深处无人知晓的痛苦，从而不再独自卡在内在冲突的位置，而是在咨询师的陪伴下，有机会重新看待自己的期待。

第三节　工作原则

首要原则：维护自体感的稳定

　　将维护来访者自体感的稳定作为临床工作的首要原则，是自体心理学的典型特征。这个原则包含着这些思想：对来访者自主性的承认与支持、以自体客体需要为关系的根本、对于后缘的理解——不去克服阻抗而是将其当成理解来访者的机会，等等。自体的改变是一个渐进的过程，这个过程意味着咨询师可以体验到来访者在不同时间、不同阶段的内在状态的差异，并相信来访者的自主性。

自体心理学更倾向于关系在先，议题在后。当来访者的自体感动摇时，咨询师不能忽略其自体感的变化，而是要结合理解给予回应与支持，这种支持包括认同、允许来访者使用防御策略。这个视角弱化了作为分析者所要达到的目的——解读无意识和无意识的意识化，而是强调作为情感的体验者深知在咨询中，来访者大部分时间仍然要靠自己维持稳定和减少痛苦，咨询师不应作为咨询节奏的主导者，而应遵循自体改变的规律，使来访者在一个新的、信任的关系之下，逐渐触碰无意识主题，并在双方的共同努力下，识别、理解那些糟糕的体验。在这个过程里，维持来访者的自体稳定感始终是咨询工作的首要前提。

自始至终的共情

这个原则并不要求咨询师做到时时刻刻的共情，而是接受不理解是常态，理解是个渐进的过程，在无法理解时咨询师可以接受自己的局限，并相信来访者的需要终将会被理解。

共情的原则决定了每个当下的工作位置以及整个咨询进程。每当来访者表达了什么时，咨询师都应先从体验出发，而不急于做出解释，一旦咨询师觉得有些理解了，应及时地反馈给来访者。咨询师不会把反思的问题抛给来访者一个人，即使询问来访者感受，咨询师也会同时问自己同样的问题并去体验。这种更密集的互动势必产生各种错位，有时来访者会因不被理解而经历重复的恐惧。通常咨询师错位的工作不应被指责或纠正，而应作为一个在双元互动的视角下可以被探讨的素材，从而使咨询师了解在互动中发生了什么，"不理解"发生在何处。自体心理学的实践将咨询师的情感反应也纳入到共情的范围之内，即在一个主体间场里承认双方对于情感体验的贡献。

共情的原则会使咨询工作更多地处于接近无意识的区域，或者说共情总是指向无意识的。例如，对于幻想的工作不会侧重于它的防御性意义，而是在幻想中去体会无意识中的渴望或恐惧，咨询师会更多地参与或创造一个丰富的幻想空间，与来访者一起靠近更深层的无意识主题。

保持前缘视角

被形容成"希望的卷须"的前缘，有四个重要的特征。

- 一直存在的
- 等待发展的
- 脆弱的
- 不易发现的

当代自体心理学将前缘称为"移情的新版本"，它是一种比自体客体移情更弱但更基础的、特殊的移情形式，它始终隐藏在来访者的内心深处，因此时常让人难以觉察它的存在。有时咨询师会因来访者持续的情绪困扰，比如焦虑和抑郁，或者来访者抱怨咨询没用而陷入无力感中，并因此对咨询的作用和未来的方向感到茫然，但同时也会好奇，为什么来访者在症状没有改善、不满的情况下仍然坚持前来咨询，似乎他们并未放弃对被理解的渴望。如果换一个视角，把症状看作来访者向咨询师的表达，再去体验，就会发现来访者是以症状或者不满传递一种积极的意向——得到关注和获得理解。

当咨询师开始相信不满的背后有一种希望关系获得改善的动力时，前缘移

情就发生了。保持前缘视角是咨询中不可或缺的移情基础，当咨询陷入僵局或咨访关系发生破裂时，我们不应从阻抗或攻击的表层意义来看，而应将其视为被一种不愿放弃的力量所推动。

有时咨询师误以为前缘视角是发现来访者的一些资源，或者让其保持信心并予以鼓励、支持。例如，一个看上去聪明、有能力的来访者沉浸在自己无能的沮丧之中，认为自己特别差劲，而咨询师认为来访者忘记或忽略了自己有能力的部分，因此指出这一点，试图让来访者意识到他掉入了自卑里，而事实并非如此。实际上来访者此刻处在后缘的位置，需要咨询师先去靠近他的糟糕体验，而不是把他拉到前缘的位置。很可能此刻咨询师还无法进入来访者体验到的糟糕感觉中，从而通过努力保持胜任感来防御挫败带来的无能体验。

通常这样的做法并不能激励来访者对自己产生信心，因为他此刻是无法与之前的胜任感连接的，他更需要的是咨询师在他最无助的时候依然对他心存希望，相信他并未放弃，不管他的感觉多糟糕，他"变得好起来"的可能性一直是存在的，这才是真正的前缘视角。或者说咨访双方在咨询看上去停滞不前时，彼此都在体会发生的各种感受并讨论它们的意义，这意味着前缘这种特殊的移情正在以不易觉察的方式发生着。

随着咨询师体验的不断深入，他们会看到感觉糟糕的来访者仍然以自己的方式生活着，并渐渐感受到来访者的执着，尽管他们痛苦，但与此同时也与自己的内在更接近，而那里不只有惧怕，还有令人无法放弃的各种带来愉悦体验的渴望。来访者分享的是他们在两股力量拉扯时的体验，痛苦意味着某种坚持，而咨询师的工作恰恰是去看到和看懂这种坚持。

或许可以说那些痛苦的人不是心理不健康的人，而是与痛苦有着更多触碰却仍不放弃的人。咨询师可能并没有那么多痛苦的感受，但需要建立一种治疗理念，即只有走进更深的痛苦，才能明白人类的渴望，并通过理解让一个人好起来。

|第二部分|

临床实践

我相信当我们适应在体验中学习自体心理学后，那些临床工作的框架就会逐渐搭建起来，在尝试理解来访者的过程中，我们不再毫无线索地分析来访者怎么了，而是在互动的关系中感受彼此之间流动着什么。当我们信任自己的感受时，就可以和来访者一起靠近那些未完成理解的无意识世界，并且不急于给来访者一个解释，而是让理解成为一个与来访者一起体验、一起寻找意义的自然过程。在这个过程中，那些理论中描述的自体状态、自体客体需要、以及前缘与后缘的切换等将在互动中真实地呈现出来。

　　临床实践是一个积累的过程，它不仅是积累对各种精神痛苦的规律的了解和把握，更是积累一种靠近精神世界的手段，即不断地适应以共情的方式工作，并确信这种方式是需要一个过程并具有挑战性的，同时也是到达根本理解的必经途径。因此，第二部分的学习更需要我们沉浸在体验中，不急于获得某种技能，而是更信任自己，不断地回到体验中寻找答案。

第四章

自体心理学的基本功

第一节　共情

什么是共情

共情贯穿咨询工作的始终。共情是指向无意识的，这需要我们听到语言以外的表达，需要我们打破逻辑思考，去与那些听不懂的、矛盾的、未显明的部分工作，而唯一的途径就是体验，运用感知觉里的体验寻找答案。

共情是一种内在情感的调动，但并不止步于感同身受，即所谓的同情。共情的英文 empathy = em 沉浸 + pathy 情感；同情的英文 sympathy = sym 相似 + pathy 情感，从词根本身的含义可以看到这是两种不同的状态。虽然共情中包含着同情，但共情所到达的理解的位置一定是超越同情的。如果沉浸的深度不够，咨询师就会过早地解释而无法到达真正理解来访者的位置。可以说，仅仅感同身受是不够的，还要身临其境，即共情是对具体的情境和独特的历史背景下的人的理解。例如，一个羡慕高个子的咨询师无法理解为什么来访者会因个子高而自卑，这需要咨询师身临其境地去体会：那个总是坐在教室最后一排的大个子体会到的是自己是一个不受欢迎的人，他一直对老师对自己的贬低——长那么高有什么用——无法释怀，他因此为身高感到羞耻，因而感到孤独和自卑。

共情指向的无意识根本是一个人在关系中无法表达的需要，即自体客体需要。共情指明了理解工作的着眼点和方向，即找到来访者那些早年未被允许、接受，同时又阻碍了自体发展的渴望。这让咨询师一直保持对关系中所呈现的自体客体需要的关注。

共情是对人的精神存在的深度理解，并且它将整个咨询工作过程都放在这个前提之下。共情让我们不再被各种阻抗所阻碍，而是进入到体验中去感受阻抗背后是什么糟糕的感觉令人无法面对，以及无法在关系中真实地表达。共情是转化僵局和修复破裂的基础，那些无法推进的咨询进程，恰恰意味着有未被理解的部分，需要更慢、更深的共情。来访者表达"咨询没有帮助"，提示的并不是表面的对咨询师的不满，而是他有一些令他痛苦却难以表达的感觉未被觉察。虽然他无法清晰表达，但却可以确认这种感觉的存在，他的不满来自他需要放大自己的情绪信号，让咨询师进入到他的内在体验世界，发现他自己无法跨越的冲突和痛苦。

共情是解释的前提。解释无法通过思考以及各种知识和技能来完成，尽管来访者认同你的解释，但他却可能未获得被理解的体验，因为他无法确定你是否真的知道他在经历什么。因此，即使咨询师做出了正确的解释，也仍然需要进入情境与来访者一起完成体验，只有当你"站在"了来访者的时空里，他才会相信你知道他在经历什么。

共情也是回应的前提。回应有时是语言，有时是沉默，有时是各种表情、身体及语气音调等非语言的表达。它们全都来自你当下对来访者内在体验的理解。例如，对于一个正在试图抵御羞耻又在努力呈现自己好的一面的来访者，咨询师并不需要解释，把你看到的这种内在冲突呈现出来对理解来访者并无意义。而只有当你可以体验到一个困惑已久的人，试图在一段新的关系里进行深度探索是多么需要勇气和信任时，基于这种共情，你才会将理解反映在你的态度上，用语言和非语言信息传递出你很愿意相信来访者并给予足够的时间和空间听他慢慢道来。

共情过程的变化维度及情感协调

共情是在双向互动中不断被推进完成的。关于共情是更多的沉浸还是更多的理解性回应，取决于不同的来访者以及同一来访者的不同无意识呈现，共情式沉浸和共情式回应作为共情的两个维度贯穿于整个咨询过程。

沉浸更多地指体验的持续过程而非指完全没有回应，当咨询师缺乏类似的体验时，意味着需要更多的倾听。倾听是一个无意识的参与过程，而回应是一个共情式沉浸的结果。主体间性的互动向沉浸和回应工作注入了更多的灵活性，即展开和情感协调的大量运用。沉浸的过程一定有体验发生，即咨访双方一起进入某种情境当中。而相对于来访者独自的自由联想，展开使这个过程不再是一个漫长的、单人的、有更多防御的过程。当咨询师通过共情式探究帮助来访者丰富情境时，来访者的体验不再是独自触碰那些未被理解的无意识主题，而是感觉有人与他一起待在体验当中，另一个人不再是观察者，而是和自己一样有感受的人，那些既熟悉又无法解读的过往体验有机会被慢慢地看见和明白。因此沉浸不等于中立、无回应，而是在感受中共同体验。

情感安住

史托罗楼提出了一种更深、更难的共情——情感安住，并指出科胡特"穿上别人的鞋子"的共情的局限性。我们知道，科胡特的共情是设想在他人所处的情境中自己会有什么样的感受及内在状态，例如，一个来访者讲述小时候不小心打碎了杯子，被妈妈责备："太不小心了！"，当你试着进入他当时的情境时，你会觉得这个责备让人感到委屈或内疚，这很可能是在共情来访者。但当来访者说妈妈唠叨了很久，并且越说越气，越说越难听时，你询问来访者："妈妈说了什么？"。当你听到来访者说："成事不足、败事有余、败家、没用、拿个杯子都拿不住……"，这时你可能会产生反移情，觉得这是个过于严厉而且过分的妈妈，你甚至有些愤怒，并想立刻安慰来访者，但还不太清楚愤怒意味着什么。此时，你偏离了共情的位置。

那么问题出在了哪里呢？很可能你在进入来访者的情境时产生了与他不同的感受（愤怒），并且难以再深入体验愤怒下面的东西，并进入了防御的状态。来访者妈妈的语言让人产生无法承受的无能、愚蠢等非常羞耻的体验。如果咨询师较快地做解释或回应，说明还无法停下来走进这些体验。

而情感安住指的是陪伴来访者进入体验，除了被嘲笑、被厌恶、被嫌弃等羞耻体验，还有担心被拒绝、否定、推远、抛弃等恐惧体验，这在咨询中是有非常大难度的。情感安住指的就是要咨询师可以停下、靠近、陪伴、体会它们，并和来访者一起寻找它们的意义。如果来访者感觉不到咨询师能体会到这些，他们将不会和你深入地工作。

史托罗楼指出情感安住不是进入对方的情境去体验，而是寻找自己类似的感受。例如，不是去体会被父母责骂，而是体会被贬低的羞耻体验。但这和保持愉悦感的动机倾向和保持自体稳定感的心理需求是相悖的，因此做到情感安住是非常不容易的。即使你试着描述类似的体验——"无能感"，但什么是无能感？在无能中感受如何糟糕？如果体验并未启动，"无能"仍然是个抽象的心理解释。情感安住需要更长的时间，在咨询师和来访者都有足够的自体稳定感之后才能逐渐完成。

对于那些早年经历创伤的来访者，情感安住是一个必不可少的共情过程。因为那些痛苦的经历如被抛弃、被忽略、被否定、被嘲笑等糟糕体验几乎都被解离掉了，他们无法独自唤醒记忆，无法在缺乏理解的关系中面对那些可怕的、羞耻的感受。因此咨询师需要与他们一起走进那些糟糕的感受，只有当他们感觉不是被分析、被观察，而是有人和他们一起体验时，那些感受才可以渐渐复苏并显现出意义。而此刻他们才有机会明白——那些令人崩溃的自我认知并非源于自己太糟糕，而是源于为了保护自体存活不得已让渡出自己原本应该被好好对待的渴望。他们期待咨询师不再是令他们恐惧和羞耻的人，而是可以给予他们一种安全的、支持的、保护的、理解的新关系。

案例 4-1

　　一个做了两年多咨询并且进展不错的来访者可以更多地感受到自己的情绪了，也有越来越多的表达，在与咨询师的关系里感到被在乎和支持。但最近来访者总有些说不清的感觉，咨询中常常陷入大段的沉默，咨询师也感到工作被什么卡住了。一次咨询中来访者表示对咨询师不满，他无法说清原因，但感觉自己被困在一个罩子里，咨询师偶尔可以靠近，但来访者总感觉咨询师不在他的世界里，这让他很苦恼。咨询师能感觉到那股愤怒的情绪，但似乎也无能为力。

　　咨询师渐渐发现，来访者每次在讲述一些糟糕的经历时，只要咨询师试图命名那些感觉，来访者就不再讲话了，转而愤怒就出现了。在与督导师讨论这个细节时，咨询师发现那些糟糕的体验都与被批评、责备有关。督导师邀请咨询师讲述了来访者在被批评、责备时的细节，并一起体会到来访者的感觉是紧张不安的，咨询师感受到了那股强烈的愤怒背后有一种更难面对的情绪，她突然想到来访者常常会做的一个梦，在梦里来访者不断地被追赶，每当跑到悬崖边，在马上要掉下去的那一刻就惊醒了。

咨询师发现她自己的想象也停在了这个梦境的结尾，即停在了她不会掉下去的感觉里。督导师邀请咨询师再试试可否想象被追赶到悬崖边又无法逃脱的感觉，咨询师说感到绝望。督导师又问道："可否试着看看悬崖下面有多深？"咨询师不再讲话，过一会儿说："我知道了。那种感觉是恐惧，我不敢去体验，我知道了他为什么那么愤怒。他让我看了很多次他的梦境，他应该在呼救吧，但我并没有靠近那个可怕的地方。"

在下一次咨询中，咨询师告诉了来访者自己的体验，并表示有很多次让来访者一个人待在害怕当中，而她只是尝试用各种解释，远离了那种真实的恐惧感。来访者听后哭了，他说自己每到这个时候就只能用各种愤怒表达，大喊大叫或者摔东西，实际上他怕极了，觉得这世上不会有人理解他，他无法说出自己的恐惧。来访者开始流泪，而咨询师静静地陪着他。他哭了很久以后说："那股愤怒之火第一次从胸口里出来了，我以为会毁灭自己的恐惧感消失了。"他"看见"了和他一起站在悬崖边的咨询师，觉得没有那么绝望了。

除了恐惧，另一种令人难以安住的情感是羞耻感，它令人非常难堪，一旦出现就会非常强烈，几乎没有人愿意触碰它。而咨询过程常常激活被审视、被观察、自我暴露等体验，因此来访者往往会以各种防御，比如否认、投射等方式处理掉它们。而咨询工作也相当困难，一旦咨询师试图询问具体的感受，比如是否会感到难为情、尴尬、羞耻等，常常会担心令来访者难堪。

事实上，当来访者承认有这些感觉时会非常不舒服，他们感觉一双评判的眼睛正看着自己不堪的样子，因而会非常拒绝回答"能再说说这种感觉吗"这样的问题，或者否认咨询师的诠释，比如"这让你感觉自己是一个很无能的人，对吗"。情感安住的视角恰恰来自对糟糕体验的共情，即咨询师想象自己进入到类似的羞耻体验——在另一个人面前讨论这些感受，这需要你尝试启动自己曾经类似的体验，即那些通常被你防御掉的、但需要些勇气来触碰的糟糕感觉。例如，你有过无能、比别人差、笨等感觉吗？几乎每个人都有过，如果你认为没有，也许你需要否认它们的存在，用自己不差的感觉来抵挡它们。如果你识别出自己需要防御，那说明已经能允许它们存在了。

无论是否可以理解羞耻感的来源及意义，咨询师如果可以体会到它们对自体感的破坏——自尊被极度地动摇，就会找到共情的位置——情感安住，即不再追问来访者羞耻的感觉，而是体谅此刻来访者既处在糟糕的感觉里又希望不要再次被嘲笑的复杂心情。

羞耻感来自关系中的糟糕回应，即那些对错误、失败的过度评判、指责，有时是一个不同的想法、做法被全然否定，甚至被贬低、嘲笑。这类不被他人接受、允许的回应大大动摇了一个人对自己的认知，他会觉得自己太差了，或者是自己出了问题。由于回应中带有厌恶、嘲笑、贬低以及被视为异类、怪人等非常破坏情感连接的体验，人们往往会通过自责、自厌来否定自己从而认同他人的观点或评判。

从对羞耻的体验过程我们可以看到，咨询师的几个工作角度往往是无效的：第一，认为评判者太过分了，而来访者通常会否认这一点，觉得就是自己太差了；第二，认同来访者的体验，即觉得的确发生了一些令人难堪的事情，来访者似乎无法消除这些感受；第三，否认羞耻感，觉得这种事儿不算什么，是来访者太敏感了，批评也是正常的，努力改正就是了。这些情况无一不在呈现羞耻体验的难以靠近，而在无法穿透它们时，来访者就仍然会被它们困扰，自尊的需求始终无法正常地存在和呈现，从而陷入自己不配表达、是自己不好的感受当中。由此看出情感安住的工作既是必要的，也是难能可贵的。

第二节　体验

什么是体验

在谈论体验之前，先说说思考。多数人会认为思考是大脑功能发挥作用的过程，然而"思"字被创造出来时，古人到底在传递什么体验呢？我猜想心字底可能意味着一个人在"思"的状态里有心的参与，而心的含义强调我们内在感受的部分。说一个人"若有所思"，也许是在形容他正在感受并加工着那些泛起的感觉，而不是单纯的思考。随着科技的进步，人类的逻辑思维获得了更多的训练，而听觉、视觉、触觉运用的减少，导致我们即使遇到和感觉有关的问题仍然习惯性地用理性的思考来判断和解决。

从人类精神活动的规律看，体验与思考本质上是很难分开的，体验更直接，思考需要一定时间的加工过程，它们很可能是联动完成的。而事实上我们的感知觉很可能在以一种我们意识不到的方式运作着，是我们忽略了它们的存在。例如，当一个人开始一项工作任务时，首先会计划时间安排和思考完成过程，然而这些理性的判断恰恰来自对于任务量和难度的直觉，那些工作量大和完成过程复杂的工作会激活紧张感，从而让大脑规划时间和思考有效的方案。当工作压力过大时，对于一个缺乏经验的人来说，很可能会激活不胜任感，因而他会考虑寻求帮助，也可能采用某种防御机制来抵御这些不适的感觉。这提示我们在理解一个人的内心世界时既要听到他的想法和观察他的行为，也要了解驱动他行为的内在原因，而对这些原因的获得需要回到他每个关键的当下正在体验到什么，他的感觉是怎样的，从而让他做出这样或那样的反应。

这就需要咨询师调整工作的节奏，较快的解释往往结论正确但因未完成体验的过程而显得空泛和苍白。因为当我们习惯于思考时，我们会忙于分析，因此会顾不上体验。然而当我们更信任自己的身体时，会发现很可能那些体验一直都在，只是我们忽略了它们，没有去关注和留意那些信号并停下来进一步去感受它们，从而失去了了解它们背后意义的机会。因此咨询工作需要我们足够地放松，即让大脑处于"闲"而不是"忙"的状态。现代人早已习惯于从早忙到晚，而"忙"却很可能意味着身心体验的丧失（我们不得不敬佩古人造字的智慧，它们恰恰来自体验，忙＝心＋亡）。

如何体验

事实上，人的身心是一个整体的感知系统，无论我们是否意识到，所有的感受都在工作着，只是有些信息被我们忽略了而已，也就是说即使我们看到了、听到了，但如果不去关注、体会，就会视而不见、听而不闻。我们需要的是信任自己的感知系统，在体验中等待感受所代表的意义的浮现。

咨询师在最初听到那些带有感受的信息时，有可能有几种状态：滑过、听到但没有反应、听到并有强烈的反应但还不懂。无论怎样，这些体验本身都很重要，这些反应没有对错之分，重要的是我们是否能关注到感受，并给自己多些时间和这些感受相处，而不是被各种关于事件和想法的叙述转移了注意力。此刻，是两个人共同在体验某种经历，来访者是经历者，痛苦且无解，咨询师是倾听者，也许完全没有类似的体验，但只要慢下来，捕捉语言和非语言里的感受性信息，就能渐渐明白身处某种情境中的人在经历着什么。

慢下来，是指我们不再迅速地通过思考寻找答案，慢下来，也意味着我们的语言表达不会那么清晰，无法很快给出一个解释，而是更多地等待。**等待**包括：在听不懂的时候懵一会儿，在有所触动但还不知道意义的地方停一会儿，以及在那些看上去表述清晰但还没体验到感觉的地方停下来，直到体验中浮现出某些感受或意义的线索，进而开始展开的工作。这可能是针对那些模糊的意义点**直接询问**，也可能是在一知半解时进行**共情式询问**。对于那些糟糕的、通常需要防御的体验而言，直接询问很可能会带来更强的防御，因为直接询问让人感觉更像一种置身事外的探索。

比如，一个刚入职的来访者被上司指出工作中的错误，这里很可能涉及羞耻的体验，一种询问的方式是"可否谈谈他在批评你时你感受到了什么？"而另一种方式是先共情再询问，当下来访者的体验是糟糕的，而让他再次回到那个场景并展现自己被批评时的样子是不容易的。**咨询师先体验再询问是一种参与式的工作方式，我们和来访者一起待在某种糟糕的感觉里，而不是一个局外的观察者。**这时的询问大致是"刚去一家新公司，你还在适应这个新环境，应该更期待被认可和支持，想必你的感觉并不好受，你愿意多说说吗？"

启动体验意味着我们对那些欲言又止和若隐若现的信息更加敏感。例如，一个说自己工作了很多年的年轻人，用有些悲伤和无奈的口吻对咨询师说"感觉自己就像一头老黄牛"。

"老黄牛"，很可能你会快速地对这个象征有某些"理解"，比如：辛苦、付出、日复一日。但试着问自己，身体有感觉吗？心里会浮现某种情绪吗？如果没有，说明体验并未发生。而真正的理解还需慢下来，和来访者一起进入体验。这需要我们内心先启动某种感受并以共情式的方式询问，让来访者感到我们体会到了什么，并愿意进入体验中。当有某种画面出现并可以找到身处其中的感受时，比如望不到头的田地、漫长的一天、腰酸背痛、缓慢的步履、沉重的负载，以及由此浮现的某种情绪：孤独的、缺少关爱的、辛苦却无法表达的……在共同体验中，来访者会感到被看见，此时理解才真实地发生了，而以往他既无法表达，也不相信有人在乎自己。这个过程不仅是理解的过程，也是一个看见的过程。看见，让来访者体会到你的在意——有人真的用心在体会他的经历和感受，之后才能完成真正的理解。

语言对体验的限制以及突破的机会

表达体验往往受到语言的限制，这有些像绘画，当我们想描绘一幅自然的景色时，会受到工具的限制，比如颜料和画笔；同时也受空间的限制，即三维立体的、动态变化的世界被静态、二维的平面简化。这里存在着某种悖论，语言既是我们必要的沟通工具又构成了对沟通的限制。对此承认的坦诚态度对于心理咨询工作者而言是必要的，我们需要谨慎且开放地运用语言，尽可能促进来访者有更自由的空间来呈现他们的内在世界。

绘画也给我们另一种启示：传神的画作意味着不是还原，而是提炼了重要的特征，并因此在画家和欣赏者之间引发了共鸣。这种共鸣让意义凸显，而不是重复和还原，这便是绘画者创作的价值所在。每一位来访者都有一幅内在精神世界的图景，他们并不需要一位精致描绘的分析者，而是需要一个可以让他们有空间去铺设那幅没有被解读过和读懂的画卷的陪伴者。

我们需要尽可能地利用语言的丰富性，也就是说尽可能地打破"颜料"和"画笔"的限制，把功夫用在"传神"上。这显然需要不断地尝试，这是一个必要的过程。但我们不应急于完成它——用简化的、受限的语言去以"形"代"神"，并误以为这就是我们看到的世界本身。

主体间性的互动实践有更多的机会让体验的丰富性得以展现和保存。互动让我们有机会走近风云变幻的真实体验，这和分析来访者的过程有很大不同。**你不再是一幅画作的观察者，而是共同的创作者。你所做的解释和回应都在让当下的某一朵"浮云下起雨来"——你正是某种情感变化的激活者，你无法再看着画中的景象，因为你就在画中。**这提供了机会也带来了挑战，无论你是否经历过类似的风雨，你都和另一个人一起站在风雨中，体会到彼此之间正在经历着什么，这对来访者而言是一个难得的体验，因为在以往的经验中没有人靠近他，人们只是置身事外地观望或评判他。

在哪里发现"神"？语言里的线索有时是象征和隐喻，它们以某种"安全的样子"呈现在语言中并等待被解读：有时它们隐藏在平淡的叙事里，以一种不经意的方式表达着某种意图；有时它们不是表达的内容本身，而是语言以外的线索——非语言表达。**可以说，所有的隐藏和显现都是表达**。所谓的"神"在精神分析的活动中是那些一直活跃的、与渴望和痛苦相关的、无法简单表达的一种真实体验。

案例 4-2 ··

　　一个抑郁的来访者，讲话的声音小到几乎令人听不见，甚至小过茶几上钟表的声音，我非常吃力地想听到她在说什么。那时我无法理解这是为什么，直到有一次在她来之前，我坐在她的位子上，体会着如果我是她会怎样。我试着发出她那种微弱的声音，发现需要不断地降低我的音量。我体会着我的内在状态：身体是松的、散的，眼神也是涣散的，仿佛眼前什么也没有。五分钟后她来了，我坐回我的位置，发现一个巨大的变化，我的声音发不出来了，我发出的不再像和其他来访者正常说话的声音，而是和她相似的声音。我记得整个房间的气氛似乎都变了，阴郁低沉，没有生气。在此之后，我找到了和她在一起的感觉。对于那个很少感到未来有希望的人而言，我的声音实在是太大了，似乎这个世界没有问题，是她有问题，而当我找到了和她同频的感觉时，我开始体会一个发不出声音的人的内在是怎样的。渐渐地我们一起找到了意义——"我是没有任何价值的，我的存在总是令人厌烦的"。

在体验中对感受的确认

　　语言并不能完全表达所有的体验。从内部主观现实到语言表达的转化过程中会丢失一些东西，丢失的东西导致了儿童自我体验的分裂，因此语言变成了一把双刃剑。它让婴儿开始学会叙述自己的生活，同时又可能使一部分生活的体验无法完全地分享。

——《言语与象征》

　　对感受的关注是共情的开始，留意来访者在经历中的感受会令他体会到你在关注他。在以往，那些情感体验因为未曾被理解或接纳，来访者很少有机会清楚和完整地表达。咨询师对感受的工作需要慢下来，甚至停顿更久的时间，直到找到某个词汇来描述它，并不断地通过体验确认描述的准确度。

　　心理学家丹尼尔·斯特恩（Daniel Stern）的"错位（slippage）"概念是指儿童的个人生活认知与被编码成语言的"正式的"或"社会化的"认识之间存在差异。因为即使语言再丰富，也无法连续地描述各种程度的感受，比如与生气有关的感受，生气、郁闷、不开心、烦恼、烦躁，等等，这些词汇有可能是接近的但却始终无法是绝对准确的。

　　来访者在童年的体验中留下了两部分，一个是经验，一个是不被理解的困惑。当孩子的体验被父母以自己的经验解读后，如果回应中带着否认、忽略甚至嘲笑，孩子很可能质疑自己的感受。因而很多来访者的语言中更多的是那些被限制了的自我体验，而需要我们做的是让那些原本的体验可以再次呈现出来，它们正意味着自体发展的各种可能性，比如在案例 4-3 中呈现的夸大幻想中的自我价值感和与众不同的存在感。

案例 4-3 ···

　　这是一个不断寻找确认的来访者。在她的童年，父母的回应常常带给她格格不入的体验，以至于在成年之后她仍然反复地在关系中被类似的体验侵扰，一旦有人认可她的感受，就会让她非常感动并迅速投入关系，但当自己的感受被忽略和否定时她就会非常痛苦，并选择结束关系。她童年时期没有在父母那里获得确认的经验会在咨询中被反复地提及，但一开始是以一种否定的形式来描述的。比如她梦想过当作家，但她告诉我："我爸说当作家是没有出路的。"当我邀请她讲讲她的想法时，她渐渐找到了原初的体验。她说她很喜欢讲故事，曾在学校里给同学讲了一学期自己编的故事，很受欢迎。而她爸爸告诉她需要把精力放在学习"有用的知识"上，这让她很难相信自己的想法有什么价值。尽管我们一起为那时的她感到骄傲甚至畅想了其他的可能性，但她更多地是在质疑自己。在咨询室外，她也会习惯性地问朋友的观点，不断地确认自己的想法在别人眼里是怎样的。

　　因此咨询中的重点不是消除错位，而是承认错位。我的一位来访者告诉我，她并不是希望我完全认同她，但很需要我确认她的感受。而这种确认并不容易，这需要我们进入到来访者的情境中，仔细地倾听其叙述中流露的和隐藏的情感，并将它们表述出来。**这个从承认到确认的过程是人际关系中的稀缺品，人类减少痛苦的希望就在于此，被无视、忽略、否认造成的孤独感是痛苦之源；反之，关注、在乎、确认才是解决之道。**

在体验中完成对感受的描述

　　在人的精神活动中，感受和语言呈现的速度是不同的。感受最快，语言最慢。精神分析工作需要大量地依靠语言，这需要我们更细致地留意是否在熟练地运用语言时略过了一些重要的细节，也就是说过快地调用了我们熟悉的语言，但却和体验脱节。**可以说，在未能足够地展开时语言依然是抽象的，不够具体的词语很可能隐去了难以触及的感受。**这在体验一些糟糕的感觉时很常见。

糟糕的感受很可能令咨询师无法靠近，如果咨询师可以保持觉察，就会发现来访者的反应在表明他们并未"感受"到被理解，这需要咨询师做进一步的展开工作，在体验中完成对感觉的描述。

例如，来访者叙述童年时的经历，并在谈到自己努力学习但仍被父母训斥时流下了眼泪，如果咨询师较快地表达"这让你感到很委屈"，有可能这个描述是对的，但却略过了和来访者一起体验的过程。这时需要进行展开的工作，也就是说让"语言"慢下来，让"感受"呈现出来。"委屈"是一种被错怪却不得不承受的糟糕感觉。咨询师需要好奇来访者是怎样努力的，以及被父母训斥时的感受是怎样的，才能在互动中让来访者感受到咨询师仿佛看见了所发生的一切。这时对感受的描述往往是更具体的，比如"你在学习中遇到了困难，你感到很紧张，父母的批评让你很害怕，你不敢告诉他们你在学习中遇到了困难"，等等。这种在体验中对感受所做的描述，才能让来访者感到被真正的理解。

对沉默以及非语言的体验

沉默，是对语言的搁置，但却是非语言的温床，沉默从来都不是真正"静悄悄的"，在安静的时空中有大量的"声音"——心声，有时它们需要一个没有语言的空间才可以显现出来。在下面的案例片段中我们可以看到在沉默中完成的非常有意义的表达。

案例 4-4 ....

　　案例的主人公就是我自己，在某一节我的个人分析快结束时，我再次听到那个重复了无数次的声音，"好吧，今天就到这里。"但我瞥了一眼表，分针还差那么一点点到结束的时间，不知道为何那次我没有迅速站起，仍旧坐在椅子上，嘴里嘟囔着："时间还没到。"我看着对面的咨询师，她欲站起的身子又沉回到沙发里，我们彼此不再说话，就那么看着对方，大约三十几秒过去了，我再次看了眼表，欣慰地说："可以结束了。"咨询师在这几十秒里完全没有做什么，就是安静地和我一起待着，我也静静地坐着。虽然我们全程没有语言交流，然而这几十秒对我意义非凡。她的身体是放松的，眼神是好奇但又是友好的，这让我感到没有被催促。开始我们都不清楚不再说话还要在这坐几十秒有什么意义，但当我说"可以结束了"后，她的微笑让我感到她是愿意满足我的，由我来决定结束时间的举动看上去有些任性，但直到完成了整个过程，我才意识到那个从小"懂事"的我在这段安全的关系里想表达什么。原来我想让自己来做决定，而不是被动地服从，而我可以不用担心对方的情绪，并在她的陪伴中确信了这一点。

这种在时间和空间里的等待和陪伴，产生了非凡的意义，它们构成了对个体存在和价值的一种特别的承认和确认。等待意味着对一些未能用语言表达的需求的好奇和允许，并以一种身心在场的方式停留在某个时空当中。而在临床工作中的某些瞬间，沉默往往代表着特殊的意义，这种停顿中的安静是由两个人一起构成的，它不是漠视或无对话的等待，而是通过身体的姿势、眼神的交流，传递好奇、专注、陪伴，而这种体验为那些经常被要求、被责备或忽略、嫌弃的来访者提供了特别的空间感。当不安和羞耻可以在一段关系中被容纳时，来访者的自我便开始有机会被重新审视，并渐渐显现出它们的原貌。

体验的练习

体验的练习主要关注倾听与无意识相关的部分，也就是关注那些若隐若现或者被否认的信息。即使那是一个很弱的信号，但来访者为什么会说呢？为什么以否定的方式说呢？很可能其中蕴含着某种意义但以往是被忽略的，来访者自己也不明白它们意味着什么。

例如，来访者说："上周那个事已经过去了。"

如果咨询师启动体验，可能感受到一种距离感和模糊感，"过去了"表面上是一种结束的感觉，而"那个事"又有一种模糊的感觉。这句话带来的体验很有趣，即它以一种结束的方式表达，但令人感觉又不太像一种结束。我们不知道来访者内心到底经历了什么，如果体会到话外之音，就会意识到我们需要听一听"那个事"中的体验，在接下来的一周里有怎样的变化，"过去了"意味着来访者处于某种体验当中，这需要咨询师好奇它们是什么，而不是在这里结束。

第三节　倾听与展开

倾听

倾听是体验的基础，但它们并不是割裂的，并不是先听再体验，而是打开了感知觉，在听的同时就在体验了。倾听，绝不只是听觉在发挥作用，而是整个人的全方位在场。咨询师不仅要听到内容本身，还要听到内容以外的部分，这部分通常不是靠思考来工作，而是靠另外一种敏感。中国汉字"听"的繁体字是"聽"，从字形上可以看出古人所传递的听的经验：耳入——心听，也就是倾听的过程要用心来感受。

我们常会感到有些来访者太理性，他们不像那些容易倾诉情感的来访者，但不表达感受不代表他们没有体验。**理性表达本身就是在某种体验下的一种呈现，即将对情感带来的困惑或痛苦的思考部分表达出来**。理性意味着人们试图用"想通""想明白"的方式来应对痛苦。如果我们一边听一边体验，就会在心里试问"一个人在什么情况下要以这样的方式应对痛苦""如果我以这样的方式向另一个人表达，我的内在状态可能是怎样的"。在这种边听边体验的尝试中，我们会捕捉到某种线索——不要太靠近感受，让感受在可掌控的范围之内，那么我们就有可能体会到一种叫"表面的平静"的感受。这个结果不是问出来的，而是通过体验获得的，当咨询师学会利用体验来工作，就不会停留在只感到来访者隔离情感的位置，而是发现来访者在试图推远某种糟糕的感觉，也许你会找到一种叫"僵硬的稳定"的感觉。

体验通常包含各种感知觉，是一种综合感受，因此咨询师听到的信息在未加注意时通常会模糊不清，混杂无序，没有规律或逻辑，而这种感觉本就是无意识信息的特征，它们恰恰保留了来访者未做太多处理的信息。

案例 4-5

"我这段时间太忙了，每天投简历面试，晚上准备考研的复习，我听说心理咨询师不再有证书的考试，现在就指望考研这条路了，前天我去参加了一家培训公司的公益课。觉得没有推荐文章介绍得那么好，不过我还是交了报名费，学学看吧。昨天我一个朋友介绍我去他叔叔的公司应聘，实际上就是帮忙筹备展会，报酬很低，碍于朋友的面子，还是别计较了。"

在这段叙述中来访者未讲任何感受，只是流水账式地、又有些跳跃地讲了几件事，表面上没什么逻辑，甚至会令人困惑：是想上班还是考研，对培训不满意，为什么买了培训的课程？为什么要去一家报酬很低的公司帮忙，是碍于面子还是有别的原因？

咨询师如果急于理清这些疑惑，就会问一些需要理性思考的问题，这样就会远离来访者的感觉。而如果带着体验去倾听，就会发现有一种"到处跑，不确定、想抓住什么的感觉"。在叙述中只有一个字与感觉有关——"忙"，如果留意他讲的忙就会听见——"每天""晚上""前天""昨天"，在这种忙的体验里又多了些无序和不定的感觉，面试、考研、培训、应聘，似乎有方向又不确定。从他的想法中也会体验到一些感觉："学学看吧"是一种犹豫的口吻，意味着对未来不太抱有期待，"碍于朋友的面子"说明他不满意但又同意了，似乎他需要这份工作，但又不想承认这一点，等等。这些猜测来自体验，从表达的语气到合理化的防御，都会让人感觉有些无法直接说出来的东西。

这种带着体验的倾听与等待来访者直接表达感受是完全不同的。如果咨询师不去体验，是难以让无意识在谈话中流动的。来访者需要以如此的方式在叙述时与感觉保持些距离正是因为感觉太糟糕了，因此才需要防御。唯有咨询师听出来他需要防御，即以一种既流露了感受又未直接谈及感受的方式来表达，才会理解他的无意识需要正是有人可以了解他此刻的内在困境——需要帮助但担心会令人嘲笑、看不起。

那些无法直接说出来的东西是什么呢？不太容易找到工作可能意味着面试被拒而不得不接受眼下这个不令人满意的工作；想成为一名心理咨询师，可这条路还很漫长，似乎不太有信心。这些感受与挫败、无力、迷茫、无助有关。可想而知来访者还无法直接表达这些糟糕的感觉，它们太破坏自体的稳定了，因而他正在试图努力处理掉这些感觉。

这正是需要被倾听的，当我们带着体验中获得的理解以及有些模糊的感觉和好奇工作时，可以邀请来访者就这些蕴含意义的点展开更多，从而在他们的话语里找到一些"窗口"，让来访者感觉到你看见了他们内心深处那些糟糕的感觉，在没弄懂时你愿意靠近它们，而不是远远地望着，似乎什么也没听到。

展开

展开是主体间性系统理论使用的临床术语，是指对于那些会引发体验的情境的具体化，也包括对隐喻或幻想部分的展开。展开是由咨询师发出邀请的自由联想，这种邀请不是毫无体验的信息收集，而是将倾听中有关体验的部分指出来。这种展开是对来访者表达的一种呼应，是与来访者的无意识相关的呼应，让来访者感觉你在靠近他的内在世界，并听出了什么。

展开是一个不断深入的过程，咨询师不能抛出一个问题就等待答案，而是在来访者的反应中继续体验：他触碰到了什么感觉，躲开了什么感觉？用什么样的方式在躲开？

展开的过程会因触碰无意识而反复或停滞，但恰恰是这些过程里的停顿、转移话题、忘记等反应提示我们有些糟糕的感觉在浮现，从而使我们调整工作节奏，在不同的位置——前缘和后缘——加深理解。

展开也可以说是一种情境的具体化，即情境化。情境化的要素包括各种与来访者的体验相关的时间、地点、想法、行为、情绪、人、事、场景、过程，等等。这些要素和体验密不可分，体验可以从某些局部或某个时间点开始，随着要素的丰富，我们越来越能体验到一些似在非在的东西。它们正以被掩饰过的面目出现在谈话当中，而这些部分并非真的令人羞耻或破坏关系，是以往的回应使这些适当的体验发生了扭曲。一旦可以情境化，咨询师就会因获得一些体验进行回应，由此促进来访者的信任，从而使他们敢于进一步表达。

案例 4-6 ···

　　来访者：我昨晚又和男朋友吵架了，他太欺负人了，怎么可以这样？我和他提出了分手，再这样吵下去已经没有继续的必要了。

情境化的要素

时间：昨晚

人：男朋友

事件：吵架、分手

想法：没有继续的必要了

与感受有关的体验：他太欺负人了

　　我们从"分手"这个词可以捕捉到这是一个特别的事件，也许是一段令人痛苦的关系的结束，也许是因感到不被喜欢而做出的试探，不同的来访者总是在以他们自己的方式应对这件事。但不管我们有多么好奇，都要首先共情到来访者。因此展开是一个伴随当下体验逐渐靠近来访者内在的过程，而不是对我们先入为主的观点的一个验证过程。先入为主有时来自我们的经验，有时来自我们在体验中激活的无意识需求，比如你会觉得年轻人分手是一件正常的事情，不合适就分开没什么大不了，或者觉得分手是一种糟糕的体验，它是一段亲密关系的结束，一个曾经爱你的人不再有爱了，或者你觉得吵架没用，这可能引发了你一些不好的体验，比如冲突、对抗带来的紧张、害怕，也可能你觉得吵架没什么，说出来总比压抑着好。

　　这些"先入为主"常常是无意识的，你会在之后的互动中有机会发现它们。当缺少展开过程时，咨询师会带着这些"先入为主"过快地回应来访者从而可能失去了获得更深体验的机会，而来访者在互动中会处理那些因咨询师的过快回应带来的体验，比如向咨询师表示"我应该分手，那是一个不值得珍惜的人"或者"我应该多沟通，不应该太快以分手的方式来处理自己的情绪"。事实上，来访者仍在以过往的应对方式来处理和咨询师之间的关系，即担心被贬低而表面地认同咨询师。

展开是咨询师和来访者一起逐渐深入体验的过程，这个过程会同时受到双方当下对某种感受的理解、允许、接纳或者不理解、排斥、回避的影响。但双方总是可以就某些可体验的部分展开，随着展开过程的深入，双方会体会到某些强烈的情感。这可能使咨询师因同情给予来访者认同式的回应，但真正的理解要回到情境中。我们知道，在冲突中的核心主题往往涉及各自的需要，这些需要未被看见又难以真实表达，因此需要不断地具体化，直到这些潜在的需求被看见。

情境化意味着咨询师通过询问让来访者逐渐靠近在争吵中激活的无意识体验。询问可以从容易表达的各个要素展开。比如，时间、地点等。当涉及羞耻和恐惧，比如无力感、无能感、自卑感等体验时，来访者在无法确认咨询师是否理解时，会担心被嘲笑或被拒绝，这时咨询师几乎无法通过询问来访者的感觉而了解他们还经历了什么，而是需要先共情到来访者的难处再进行询问。

例如，来访者说："当时我气坏了，把他手机摔了，后来觉得自己挺夸张的。"

如果咨询师说："看起来你挺愤怒的，能多说说你当时的感觉吗？"来访者很可能因这种直接的询问感觉到难堪，而咨询师如果能留意来访者说的"自己挺夸张的"部分，就会意识到来访者对于被嘲笑的担心，因而咨询师在询问前需要体谅来访者此刻内在的矛盾：不说——会一直处于愤怒和不解当中，说——就会看见自己发脾气的样子。因此在共情的前提下询问就会将理解的部分放在问题的前面："我猜你当时一定感觉很糟糕，摔手机看上去很不理智，但我想你这么生气总是有原因的，当时你们谈到了什么可以多说说吗？"

共情意味着承认羞耻的体验是存在的，我们并不需要去否认这一部分，而是需要和来访者一起体验，让来访者不再卡在对羞耻抵御的位置，从而有机会进一步展开，并了解更深的需求部分。

第四节　解释与回应

如何完成解释与回应

解释与回应都是基于对来访者无意识的理解所做出的反馈。解释，让来访者感受到被理解，并从无意识的冲突中走出来。自体心理学的工作集中在对自体客体需要的解释上，同时包括在前缘与后缘的不断切换中对无意识主题及位置的变化的理解。这个解释是通过体验最终到达的一个结果，或者说我们需要做的并不是把我们探索到的理解表达给来访者，而是在互动中逐渐靠近体验，并完成对体验中意义的理解，让来访者在这个过程中获得被理解的体验。

来访者在表述中会下意识地运用抽象词语。这些词语绝大多数都是我们听得懂的，但是不同的人在使用同一个词语时所代表的意义是有差异的，咨询师的语言也同样要在来访者的情境中有具体的指代才能完成理解。

当一个人使用某个词汇时，体验很可能是同时存在的，只是如果不停留会意识不到或者体验很弱。比如说"不安"，只有当停留在"不安"这个词时，才会有些情绪浮现。而如果咨询师过快地解释，就可能会因解释的粗糙、笼统，而无法进入体验从而到达理解。咨询师进入无意识的体验时，需要暂时放下确定感，去触碰那些不熟悉的内容。但靠近模糊、混乱并不符合人的本能需要，因此临床对话中过快的解释随处可见。

案例 4-7 ....

来访者：我经常梦见自己飞起来。

咨询师：飞起来会让你感觉到什么？

来访者：飞起来可能是让我摆脱束缚吧！

咨询师：哦，飞起来可以让你去更高更远的地方。

来访者：嗯，可能是吧。

在这个片段中完成了一个理解，咨询师的解释似乎诠释了飞起来的幻想的意义，但这个解释仍然太快了，用"更高更远"来诠释"摆脱束缚"尽管让来访者体验到了被理解，然而"束缚"是一种什么样的体验？"无法摆脱"又是什么感觉？虽然在解释中来访者的某些欲望被承认、看见、支持，但他的梦意味着什么？他被困着无法自由移动吗？他在梦里是怎样飞的？飞起来以后的感觉是怎样的？其中可能有更复杂的体验，欲望和无法挣脱是同时存在的，象征的意义到底是什么？这些疑问需要咨询师慢下来进入到展开的过程，解释与回应是随着展开的不断演进完成的。我们利用如下对话来感受一下慢下来的过程。

咨询师：你再说说梦里的飞是怎样的好吗？

来访者：开始是漂浮的，身体好像没有重量。

咨询师：是很轻的感觉吗？

来访者：有些像仰泳时的感觉，不用力就可以浮在那。

咨询师：听起来身体是放松的，很舒服吧？

来访者：嗯，好像什么也不用想，也不用做。

咨询师：你刚刚说飞起来时，你想象周围是怎样的？

来访者：在梦里很模糊，似乎什么也看不到。

咨询师：你能体验到什么？

来访者：每次梦到飞都令我诧异，梦里只有我自己，好像我是一个异类。

咨询师：异类？是说你和别人不一样，别人都在地上行走？

来访者：是吧，这个飞的梦令我很困惑，每次梦里我仿佛都去了另外一个世界。

咨询师：听起来那个世界里有好的感觉，比如放松自在、无忧无虑，但似乎又是孤独的，那个世界里只有你自己。

来访者：嗯，但好像比孤独更可怕吧，为什么我看不到别人？

咨询师：可怕是指？

来访者：我觉得飞的感觉里有种失控感，那种没有重量的感觉还挺可怕的。

咨询师：像风筝断了线？

来访者：嗯，断了线，断了……

咨询师：你担心和地面失去连接。

来访者：嗯，所以我在梦里从未到达过任何地方，都是悬在那里。

咨询师：似乎你想轻松自在，但无法确定要飞到哪里，或者你渴望的不只是自由。

来访者：我感到有些难过，我不懂我自己，也没有人懂。

咨询师：你希望可以不受拘束，但也不希望远离他人。比如，有人和你一起飞，或者你可以看见其他人。

来访者：是。我爸妈总是觉得我的想法怪，我很想说清楚自己的想法，我不希望他们觉得我不正常。

在上述对话中，我们看到解释是随着体验的深入来完成的，体验最终指向无意识的渴望，同时也激活了其他体验，比如在摆脱束缚的同时伴随的因失联而感到的惶恐不安。在细腻的回应中，来访者会因为咨询师的参与，不断靠近自己的体验，这样才可能触碰那些之前被忽视、质疑、否定的需要，并在体验中确定那些感受并不是莫名其妙和怪异的，而是可以被理解的。

解释无法仅在象征和隐喻的层面完成。尽管这类解释可能是正确的，但解释的意义不是告知，而是让来访者获得被理解的体验。象征或隐喻虽然代表着某种意义，但仍过于抽象，而真正的理解是在深入无意识体验的过程中完成的。

解释通常包括两个不可或缺的要素：认知与情感。被理解是一种感受性的体验，你会感到情感的流动，而不是一种意识上的领悟。对于表层的心理现象的解释的确能够触及无意识，并让来访者感到似乎明白了以往的困惑，但这种解释是不够的，或者说只有认知而缺乏情感要素的解释是无法达到治愈目的的，只有那些在无意识更深的位置的工作才能完成理解，即了解防御背后的无意识动机是什么、处于什么样的位置，以及为什么在这个位置。而这需要体验的参与，需要触碰各种情感体验，比如伴随渴望的失落、害怕、羞耻等，如此才能体会到防御与欲望的纠缠正是需要被理解的。

案例 4-8

一位女性来访者和男友吵架后来咨询。

来访者：我发现自己的性格不太好，特别爱发火，可否帮我解决这个问题？

咨询师：发生了什么可以讲讲吗？

来访者：我们总是因为一些小事吵架，他说我小题大做，无中生有。但我的确挺生气的，我发现他很愿意和朋友聚会，尤其喜欢和女生聊天，而我发的信息他却回复得很慢，也很简单。

第 1 种工作

咨询师：你感到被忽略了（过快的解释）。

第 2 种工作

咨询师：你向他表达不满，他却说你小题大做，这的确令人生气。

来访者：是啊，我说你有女朋友了，应该花更多时间和我在一起，我也没
　　　　有什么过分的要求啊。他却和我吵，认为我干涉了他的自由。

咨询师：你觉得你们在一起很重要，而且自己的需要并不过分（指出防
　　　　御：融合、合理化）。

来访者：难道不对吗？他也说我太黏人了。

咨询师：嗯，你希望和他每时每刻都在一起，这样才会觉得安全。

在上述的工作中虽然解释带来了一定的理解，但几乎未进入体验。对于来
访者与人相处的模式和防御的解释，似乎指出了问题所在，但这些只是理解的
线索，真正需要去理解的是为什么而争吵，激烈的情绪背后与什么感受相关，
来访者在亲密关系中需要的到底是什么。

回答这些问题，需要进入更深的体验，只有让来访者知道糟糕情绪的意
义，以及让那些无法触及的感受进入到意识中，她才不会停留在情绪的宣泄及
防御中，才能有信心真实地表达自己，确认自己的需要是正常的、可以被理解
和被接纳的。

第 3 种工作

咨询师：回复信息很慢、很简单，这让人感觉不太好，能讲讲是怎样的情
　　　　况吗？

来访者：我们是异地恋，所以每天下班后我都喜欢发信息给他。最初恋爱
　　　　的时候他是很愿意回复的，而且很主动，现在时常回复得很慢，
　　　　说得也很简单，比如，我问："干吗呢？"他回复："没干吗。"

咨询师：他的回复会让你感觉有些敷衍吗？

来访者：嗯，感觉他很不耐烦。我会猜他在干什么，一想到他可能正玩得挺开心的，我就忍不住想发火，然后我们就会吵起来。

咨询师：你说猜他玩得挺开心的，是指？

来访者：他和同事关系挺好的，我见过他们，我男友是一个部门经理，他经常约同事下班聚会，我知道他们部门有好几个女孩都挺爱玩的。

咨询师：你刚刚说他玩得挺开心的，能多说说吗？

来访者：我觉得我男友喜欢那种外向的女孩，虽然他总说我在他眼里是最漂亮的。但你知道我比较内向。

咨询师：内向是指你不像那些女孩那样爱玩？

来访者：嗯，我的朋友挺少的。

咨询师：你会担心内向是一个缺点，会令男友不满？

来访者：是。那天吵架就是因为他说"你也找找你自己的问题，不要总是说我"，然后我们就吵起来了。

咨询师："你自己的问题"会让你感觉自己是不可爱的？

来访者：我没想过，我担心我们会分手，这两天他都没有联系我。

咨询师：我想你很需要他的回应里有一种确定感，让你相信自己是被喜欢的。你和外向的女孩的确不同，独处或许是让你感到更舒适的生活方式，但男友的评判让你质疑自己是不可爱的，你担心会失去这段关系。

上述三种工作中都有解释，分别是：（1）过快的解释；（2）未展开体验的解释；（3）在体验中的解释。前两种情形往往会令谈话浮于表面，尤其会令理解的工作机会过早地被"封住"，或者说表面上看理解的工作已经完成了，但来访者和咨询师都会陷入不知道之后谈什么的境地。在第二种工作方式中，我们可以发现咨询师并未进入到体验当中，而是将自己发现的来访者的模式告诉了她，虽然在最后的解释中触及了来访者的需要和不安，但在没有展开体验时，这样的解释往往会让来访者产生很复杂的感觉。一方面她会觉得这就是自己的问题，另一方面她会不理解自己为什么这样，甚至会觉得自己应该做些调整和改变。在第三种工作中，咨询师并不急于解释，而是和来访者一起体会她在一些重要的体验中有什么感受，并试图对这些感受代表的意义做出解释，在这个过程中来访者会更确认自己的内在体验是怎样的，咨询师的解释表达出了来访者无法说清楚的需要和不安，在这些解释里没有评判，也没有刻意的安抚，而是让各种感受真实地呈现并被理解。

回应，在当代自体心理学实践中比解释更广泛地被使用，即在咨询师听到和听懂了一些来访者的表达时，会及时地反馈给来访者。回应的意义在于让来访者体验到有一个人在感受自己并不断地体会到被理解，在这种体验下，既隐又现的、隐而未明的、欲言又止的无意识主题被捕捉到。因此工作的节奏会更加地紧凑，咨询师不会一直等待来访者自我探索，尤其在来访者无法确认彼此的关系是不是一种重复的体验（再次被嘲笑或抛弃）时，回应是非常必要的。回应，让来访者感觉是两个人在共同体验，这种陪伴将推动探索的深入。

解释与回应的差别

案例 4-9 --

来访者：我今年大学毕业，刚刚入职两周，感觉非常焦虑，觉得自己
　　　　什么也做不好，我很担心无法通过试用期。

咨询师：你现在具体是做什么工作的？

来访者：做客户的经营状况分析。我以前做实习生的时候也做过类似的工作，但现在的工作比以前复杂。我已经连续熬了三个通宵了，还是无法按时完成。我们这个团队的同事都挺能干的，我很担心项目会因为我的问题受影响。

咨询师：看来你遇到了工作上的困难，你很担心自己是不令人满意的？

来访者：是，我很着急，我发现这个工作比想象中的要难。

咨询师：有人知道你遇到了困难吗？比如同事或领导？

来访者：没有，他们都挺忙的。

咨询师：如果请教他们会怎样呢？

来访者：我没想过，我觉得不好意思麻烦别人。

咨询师：你会担心被拒绝？

来访者：是，感觉自己挺没用的。

解释

咨询师：你觉得暴露自己的弱点会被人嘲笑。

回应

咨询师：你很担心被拒绝和嘲笑，但事实上你的确需要他人的帮助，新入职的员工应该获得更多的支持（承认来访者的需要是正常的，而不是令人耻笑的）。

来访者：嗯，可我总是觉得是自己的问题，这很像我小时候写作业，我爸总催我，搞得我更烦。

咨询师：我猜写作业也会遇到各种困难，你爸爸知道吗？

来访者：不知道，我爸性格比较粗暴，我不敢说，很怕他会训我。

咨询师：我想你一直在靠自己的努力解决问题，你希望自己是有能力的，但恐惧让你很少有机会体会寻求帮助是可以的，也许不懂并不是那么糟糕。你愿意说说你现在遇到的具体问题吗？

来访者：以前我都是做独立的 Excel 表格，但现在要求各个表格的数据是关联的，比如说成本的表格和利润的表格的数据是关联的，你知道 Excel 功能挺强大的，但我以前没用过这些运算公式，尤其是财务报表比在大学里学习的要复杂，好多财务科目我还很陌生。我找到了网上的教学课程，一边学一边弄，但进度还是太慢了。

咨询师：看来你遇到的困难是新知识的不足，而短时间内做到熟练工作就是很困难的。你已经在想办法解决问题了，但需要更多的时间让自己学习和熟悉。

来访者：是，我是有些着急了，一直觉得是自己太笨了。

在这段对话中，咨询师并没有置身事外地做出解释，而是体验到来访者羞耻感下的无助，并以承认他的需要是正常的视角做出回应。咨询师并不觉得请教他人是令人耻笑的，因此这个回应触发了来访者一直压抑的自体客体需要，一部分是在无助中被支持和安抚的理想化需要，另一部分是对于在困难中坚持努力、渴望被认可的夸大需要。

咨询师的回应提供了一种不一样的态度，在这种态度带来的新的体验当中，来访者的困境被看见了（解释的工作效果），而且他在回应当中看见了自己的需要。尽管依然带着羞耻和不安，但他会因咨询师的回应，开始重新体会自己在关系里的渴望，而不是一直困在"觉得是自己有问题"的困局里，并且在体验中获得了新的感受——表达自己的困难并不是令人耻笑的，而是正常的。

第五章

工作指南

第一节　初始访谈

原则：共情

自体心理学的工作原则在初始访谈中就显现出它的特质，即共情的姿态在首次见面时就开始启动。咨询师在初始访谈中就开始体会来访者的自体客体需要，并根据其症状和痛苦的严重程度进行自体感评估，与来访者进行互动，将对其大致的理解及评估反馈给他，进而商定咨询目标。这些工作虽然有时需要几次访谈才能更好地完成，但所有上述工作从第一次见面时就开始了，甚至常常在初始访谈中就可以基本完成。

这种工作原则注重的不是全面而是深度，尤其初始访谈时要注重来访者的体验。**初始访谈不是完成咨询师的调研任务，而是让来访者体验到被理解的可能性，从而愿意并期待之后的见面。**

工作内容

1. 自体感评估。

2. 自体客体需要的大致识别与回应。

3. 关于咨询工作的介绍与咨询目标的商定。

虽然初始访谈的成效与咨询师的经验以及来访者呈现的状态有关，但更重要的因素是咨询师是否可以启动体验，能在来访者的防御之下感受到他的自体状态、当下的痛苦以及自体客体需要。初始访谈的确需要收集更多的信息从而更准确地评估，但更重要的是能否在有限的互动中让来访者体验到你与以往他所面对的人不同，即你听到了那些总是被忽略、否认的表达里的某种需要。因此如果说要收集信息，那么信息是指与无意识部分相关的信息，是通过启动整个感知觉体会语言和非语言信息背后的无意识内容，即各种自体客体需要以及伴随的羞耻和恐惧，而不只是来访者的症状、人格发展水平、防御机制这些表面的素材。

因此可以说，初始访谈的原则与日常的咨询原则没有根本的差别，只是尤其强调咨询师的共情，因为每位来访者都有无意识的期待，无论他们怎样防御，比如理性、不谈感觉、只要解决方法，甚至沉默或否认需要。因此从一开始就需要咨询师关注带给来访者的体验和有关情境，将咨询师本人、见面的场所、来访者见面前的经历纳入到体验的整个背景中，并在相关的因素中感受来访者的内在体验，找到理解的线索。

▌ 案例 5-1 --

来访者：不好意思，迟到了（比预约的时间晚了 5 分钟）。

咨询师：第一次来，路还不熟悉。

来访者：实际上我预估的时间是可以到的，是我走错了方向，我以为是在那片写字楼里，没想到是这种住宅楼。

咨询师：哦，有些在你的意料之外？

来访者：还好还好（环视了一下房间）。

（说明：虽然工作室在住宅区，但布置得整洁舒适，环境也很安静）

咨询师：嗯，你想聊些什么？

来访者：哦，我在一个互联网大厂工作，干了好多年了，上个月我们公司裁员了，我在裁员名单之列，这个月底就面临是继续求职留在北京、还是回老家的问题。我很难抉择，有些焦虑。

　　这个开场里的信息还很有限，但显然在这个场里已经散发着某种气息。咨询师见到的是一个略带歉意、但试图为迟到找个理由的年轻男子。咨询师并没有因等待而责备来访者，但对于来访者的解释，咨询师感到有些疑惑，为什么他会下意识地走向写字楼？"这种住宅楼"在表达什么？想象一下他走进来的感觉，"这种"里似乎有某种评判，会是什么呢？

　　咨询师开始想象：他在电梯里遇到了什么人？是那些邻居？那会是怎样的感觉？当咨询师反馈"在你的意料之外"时，来访者没有继续表达，"还好"是一种很模糊的感觉——不满意也不会说出什么。咨询师留意到来访者的眼神，在环视房间后似乎若有所思。"他在想什么？他的感觉如何""写字楼、住宅……他希望在写字楼里见咨询师吗？那里有什么不同？嗯……那里有好多匆忙的年轻人，我这里更多的是一种生活的气息，慢、静……"当来访者讲到"裁员、选择、留在北京、回老家、焦虑"时，咨询师还无法了解来访者在焦虑什么，以及它代表什么意义，但有感觉冒出来，有些类似因对比而产生的失落感。

　　在上述短暂的开场里，咨询师的体验很重要，咨询师不是等待来访者提供更多的信息再去了解他为什么焦虑，以及咨询的问题是什么，而是在来访者的非语言信息里体会并获得一些模糊的线索，这些线索不是逻辑，例如"因为……，所以他会焦虑"。而是体会他在来的路上以及在咨询室里的感受。

在上述案例片段中，当来访者得知自己在裁员名单之列时，有些体验是我们可以想象的，比如被否定或者不再有价值的失落感、挫败感以及对未来变化的不确定感。尤其在咨询的开场里，可以发现来访者有种因强烈的对比而产生的与落差感有关的体验：北京与老家、写字楼与住宅、上班的人与被裁员的来访者、匆忙的年轻人与闲适居家的邻居。在这些体验中，我们大致会发现一些表明来访者自体状态以及自体客体需要的线索，比如受挫后的无力感、茫然、无方向感、无目的感，在这些感受中我们看到被认可的夸大需求以及获得支持和帮助的理想化需求都隐藏在他的焦虑背后。

当咨询师放下逻辑思考和收集信息的任务而沉浸在体验中时，他们会因体会到来访者的内在而对咨询有更多的信心，尤其当咨询师将自己的理解回馈给来访者时，来访者会对咨询有更多的期待，并且更容易完成咨询目标的商定。

初始访谈的侧重点

可以说建立咨访关系的核心是建立情感连接，即让来访者感受到被关注、被在乎，因此在初始访谈中就需要回应来访者。咨询师表明自己的态度，往往可以更快地与来访者建立自体客体连接，这不是一种带有目的性的策略，而是共情的结果，即当你看到了来访者的痛苦及渴望时你愿意回应他。

在初始访谈中咨询师需要向来访者做简短的小结，这包括咨询师体验到的来访者的痛苦、可能的自体客体需要、对这些问题的理解，以及可能的咨询过程和大致的咨询目标。咨询师可以将自己的工作方式和工作内容介绍给来访者，例如，咨询工作可以通过体验的深入帮助我们了解到痛苦之下未被理解的无意识需要，并体验到它们如何影响学习、工作与生活，以及在自体客体体验下可能发生的改变。清晰地将这些表达给来访者是来访者非常期待的，也是咨询师获得工作确定感的必要前提。咨询目标的商定和这些陈述常常是一起完成的，当你可以针对来访者的情况讲清工作的过程和预期时，咨询的大致方向就可以确定下来了。

我们需要关注来访者在初始访谈中的体验：他的表述（那些隐含的无意识需求）是否被接收到，他的"问题"是否被评判。感受会带给来访者直觉并使他因此做出判断，包括咨询师是在关注他的痛苦还是困扰他的"问题"，是想帮助他、改变他还是更能理解他，是在更浅的位置还是在更深的位置理解他，等等。这些直觉会让来访者有一些基本的判断，即咨询师是不是一个能理解他并对他有帮助的人。

当初始访谈中缺少互动时，来访者的体验通常是不好的。他期待有一个真实的人——即情感自如流动的、好奇他的生活与感受的、会站在他的立场上试图理解他的、能给予他某种新的体验的人。这需要咨询师尽可能以平常、放松的姿态倾听与回应。

第二节　评估与诊断

什么是评估

评估表面上看是一个偏理性思考的案头工作，但它需要回到临床体验中才能完成。评估是对来访者心理的各个方面给予一个性质与程度的判断。例如，来访者核心的感受是焦虑，焦虑的程度到达了强迫、疑病或是惊恐发作的程度。评估需要始终围绕感受才能更好地完成，评估不应停留在表层的现象上，而应将各种心理表现串起来，去形成一个综合的判断。因此评估不仅仅是对症状、防御方式、人际关系模式、社会功能、心智化水平、人格水平等方面的罗列，而是依据这些线索对精神内在所处的位置，尤其是那些与精神痛苦的病因相关的因素做出评估。

评估的基础是**共情**，它的依据来自咨询师对来访者内在世界的体验以及在体验中获得的情感线索和意义。评估的工作无法只在思考中完成，它需要我们调用在咨询中的体验，尤其是那些有强烈感受的瞬间、片段或过程，通过对这些体验的概括、总结形成评估。

评估不仅仅是对来访者的，也包括对整个咨询工作的评估。在体验中评估的不仅仅是来访者的问题，也包括我们与来访者的互动是怎样呈现的。需要评估的不是来访者问题的严重程度，而是如此严重的焦虑所提示的自体脆弱程度以及在关系中情感连接断裂的程度，因此在双元视角下的评估会将来访者在关系中的需要是如何呈现的作为评估的框架。

自体心理学评估的特点

特点一：在动机水平上做出评估

该特点是指精神分析工作的深度需要在无意识的核心位置，即找到心理现象背后的驱动力（动机），以及它们处于怎样的状态。对动机的了解将解开来访者的痛苦之谜，并找到治疗的方向。自体心理学始终将工作的深度保持在这个位置，即在关系中的无意识需要，以及需要的表现程度。因此尽管工作中仍要关注来访者的症状、防御方式等，但应将它们作为理解的线索，尤其不应停留在表面的描述上，而应通过体验了解是怎样的内在才会让来访者出现如此的症状和防御方式，包括自体状态的脆弱程度以及自体客体关系的连接程度等。只有在动机水平上找到问题并做出评估，才能对来访者的内在做出有意义的判断。

特点二：关注来访者对自体维护所做的努力

自体心理学在评估时尤其关注来访者是怎样应对心理问题的，因此会评估他们的自主性以及那些具有一定适应性的防御方式，而不把它们视为需要解决的问题。

例如，对于一个暴食的来访者，我们会更关注他在什么时候、什么情况下暴食，暴食对于自体稳定的支持作用如何，是不是一种有依赖性的情绪调节方式等。当扩大评估的视角时，咨询师通常可以体会到来访者使用防御机制的意义，从而体验到其存在的必要性。这种评估不会局限在症状的严重性上，而是将其与自体客体需要联系起来，找到这些应对策略是在抵御何种自体客体关系的缺乏，并将其作为当下咨询工作的线索，例如暴食可能是应对挫败、无能的糟糕体验的暂时策略，那么围绕挫败感中的体验进行工作，将会让来访者有机会了解到自己的自体客体需要。

特点三：在自体客体情境下做动态评估

自体心理学不再侧重于做人格水平的评估，而是侧重于对自体感的评估。这是因为尽管人格具有相对的稳定性并可以提供理解的线索，但评估的工作是在互动的体验中完成的，来访者所呈现的心理特征与互动密切相关。你几乎可以发现，从神经症人格水平到边缘人格水平的各种表现，都可能在一个人身上出现，那些相对确定的人格特质会因现实生活的动荡以及咨询中触及某些强烈情感而变得不那么确定。

我们时常无法在人格的框架下去理解不停变化的心理现象，例如，一个充满幻想但一直平静生活的人告知咨询师，他与一位已婚人士发生了一夜情，并对未来的幸福生活充满了期待，但对方之后的冷淡态度让他无法自拔，他每天不断地发信息给对方，自己很痛苦却难以停止这个行为。你很难去界定他更多的是自恋人格水平还是边缘人格水平，而是需要在咨询中了解来访者的内在激活了什么自体客体需要，比如是否在短暂的交往中激活了被安抚、陪伴的需要，以及在这些需要被激活又不能保持时内在自体感的变化——失去这些体验后自体的脆弱程度。

这种动态的评估将更多地关注变化，而不是那些固定不变的因素。最初这可能会令咨询师感到缺乏工作的确定感，但随着体验的深入，真正的理解就会发生。咨询师需要不断地关注自体客体情境的变化，在变化中体验来访者的各种自体客体需要。动态的评估意味着对自体客体需要以及关系改变的关注，它将不断地促进理解工作的深入。

评估时需要考虑的角度

角度一：来访者如何叙述自己的痛苦

- 理性地或感性地
- 清晰地或混乱地
- 外归因为主地
- 是否可以谈论细节

- 有记忆或忘记细节
- 是否期待回应
- 是否会沉默、停顿、迟疑，在谈论什么内容的时候会这样

通过体会来访者的叙述方式，可以感受到来访者在当下的关系中有更多的期待还是更多的自我保护，对关系的信任和安全感如何，是否会触及创伤或糟糕的感觉，触及的时候是否容易体会到感觉。这些信息可以为对自体客体移情的位置、无意识中的渴望，以及与此相关的恐惧和羞耻的评估提供线索。

角度二：来访者目前的主要体验是什么

了解来访者当下的主要体验可以帮助咨询师在叙事中找出线索，由此了解来访者正在经历怎样的困境，比如学业中的困难、职业中的迷茫、婚恋中的矛盾，等等。在这些体验中隐含着各种自体状态的线索，比如无力感、无方向感等。同时，我们也可以在这些体验中看到来访者自体客体需要的维度与激活的强度，比如对认可的夸大需求、支持与引领的理想化需求，以及基于不同脆弱程度的自体状态下自体客体需要的激活程度。

角度三：当下重要的情境要素

重要的情境要素包括时间、空间、人物、事件。

需要关注的情境要素不仅是那些有规律的关系模式，还包括关系中带来体验的线索。比如一对情侣是如何互动的，在时间与空间的体验中是如何连接与断裂的，等等。在这些线索中可以发现来访者自体客体需要的表达与压抑，以及自体状态的变化。这些线索包括提示自体客体需要的线索，比如是感到自己被忽略（理想化需要），还是不被喜欢（镜映需要），以及提示自体状态的线索，比如在失去连接时体验到的是孤独、寂寞，还是暴怒、崩溃等。

角度四：情感的主线

在来访者呈现的各种情绪、行为和想法中，咨询师需要体会其背后的相关情感线索，由此了解来访者痛苦的程度，以及痛苦的原因，从而评估其自体的脆弱程度，以及应对策略和有效性，尤其是找到其中隐含的自体客体需要、经验组织原则，以及当下理解工作的位置（前缘与后缘）。

角度五：自体感

- 混乱的
- 模糊的
- 迷茫的
- 更打开的
- 稳定但僵硬的
- 有些方向感的

自体感的强度变化提示着来访者内在感受的位置变化，自体感的不同表现提示着自体客体需要的维度变化。这些线索提示着当下互动所带来的意义（比如感到被支持或被忽视），以及自体客体需要的指向，比如自体感的突然脆弱可能意味着在互动中被认可的夸大需求或者被支持的理想化需求遭遇了失败的回应。

角度六：来访者的渴望

- 是否可以感受到他／她的渴望
- 他／她的渴望是怎样呈现的
- 很难捕捉到他／她的渴望

来访者的渴望是无意识中的根本主题，是主体间互动的连接纽带，是自体客体移情的核心议题。来访者的渴望有时会显现，有时又会压抑得很深，这提示着来访者的自体客体需要更多地是被忽略或剥夺，还是可以表达但常陷入回应不够所带来的冲突当中。对来访者的渴望的评估让我们可以了解当下的工作应该在什么位置，比如更多的后缘——理解和允许来访者对自体的保护，或者更多的前缘——关注那些没有充分展开和被理解的渴望。

角度七：咨访关系中的互动特点

- 以来访者叙述为主的
- 交互顺畅的
- 交互受阻的

互动是一个双向过程，因此我们不应只关注来访者的表述及特征，还要关注关系的流动性，比如咨询师是否会打断或询问，在来访者的沉默之后咨询是否可以延续及深入，被回应之后来访者如何反应，在这些回应和反应中体验更深入了还是浮于表面，在互动发生错位时是错过了还是可以深入讨论，等等。对于互动的关注让我们有机会利用关系中的碰撞、相斥、远离、错位、相遇、靠近，等等，来加深对来访者的理解。

互动中呈现了很多与来访者自体客体需要相关的线索。在一个主体间的场域中，咨询师的情感体验不再仅作为需要处理的反移情，而是可以作为理解来访者的线索，以此来审视在这个场里激活的感受是什么。往往反移情是对某种难以耐受的情感的反应，因此那些互动的停滞、不流畅、错位以及其中模糊、混乱、拉扯等感觉，都在提示咨访双方触碰了彼此都需要一些空间和时间才能容纳的情感主题。

很多来访者的自体客体需要也是咨询师的自体客体需要，互动会带出这些

主题，或者这些主题仍处于无意识当中。因此对互动特征的关注将评估的视野扩大到二元视角，对于处在无意识状态的咨询师来讲，这是一个必要的对评估的修正。当咨询师可以允许自己有反移情，并觉察到自己的反移情意味着某种被尊重、被认可的自体客体需要时，将会再次有机会回到来访者的视角，评估当下来访者的内在状态，从而了解到那些貌似攻击的不满背后往往是来访者无法直接表达的脆弱与挣扎。

评估的内容

下面将以一个案例来呈现这部分工作。

案例 5-2

　　来访者，男性，35 岁，在一家物业公司已经工作了近十年，目前是公司的副经理，工作压力一般。妻子的学历、收入和职位都比来访者高，二人经常争吵，妻子抱怨他不够努力。最近来访者常感到焦虑、烦躁，一次在和业主发生冲突时被指责"什么问题也解决不了"。来访者曾经两次参加公务员考试都没通过，近半个月来经常失眠，情绪有时会失控，比如会动手打孩子。

　　来访者："有一天我在路上开车，碰到一个超我车的，当时我有一种冲动，差点儿就撞上去了，后来越想越后怕，也不知道自己怎么了。"

　　来访者曾找自己的朋友喝酒，发泄了一部分情绪。这个朋友是做生意的，给予他鼓励并分享了一些经验，但来访者觉得没有太大帮助，尤其是朋友有钱让他感到有些自卑。

　　初始访谈中的几个互动片段如下。

互动一

咨询师：你喜欢你的工作吗？

来访者：不太喜欢，我挺羡慕我朋友的。他比较敢干，我没有他那么
　　　　自信。

咨询师：我猜你还是有些不甘心的。

来访者：嗯。

互动二

咨询师：你对未来有自己的打算吗？

来访者：如果考上公务员，我太太会比较满意吧。我还没太想好要做
　　　　什么。

咨询师：你想慢慢来，再多看看，不想被催促。

来访者：嗯，在这个公司待得时间太久了，我不知道自己还能干什么。

咨询师：妻子的能力似乎带给你一些压力？

来访者：嗯，有一些。她工资的确比我高，不过她也一天天总是嚷嚷累，
　　　　没必要这样啊。

互动三

咨询师：你的情况父母知道吗？

来访者：不知道，没必要让他们跟着瞎操心吧。

互动四

咨询师：超车的人让你感到什么？

来访者：干吗那么急啊？不能正常走吗？

咨询师：是被超过的感觉不太好吗？

来访者：谈不上不好吧？

情感体验评估

情绪线索：易怒、焦虑、偶尔的失控感与不安

感受：被贬低（来自妻子、业主）、挫败感（与公务员考试失败、儿子不听话有关）、迷茫感

提示的意义：缺乏认可、对前途缺乏信心

自体感评估

强度维度

从情绪的表现上可以感受到来访者自体感的脆弱，在对待孩子、业主以及超他车的人时都难以控制情绪，可以体会到其内在状态是有些糟糕的。

特性维度

夸大（镜映）维度：挫败感（考试失败）、价值感低（很久没有职位的升迁和发展）、胜任感低（无一技之长）。

理想化维度：迷茫、无目标感（缺乏父母的支持）。

孪生维度：有朋友的陪伴，但未获得有帮助的分享，被支持感低。

提示的意义

来访者虽然担任公司副经理的职务，但这份工作并未使他感受到自己的价值，他的工作胜任感也发生了动摇，而妻子的抱怨和考试的失败，让他感到沮丧和情绪失控。对于未来的发展方向感到迷茫，朋友的鼓励并未给予他有效的经验分享。从这些自体体验中可以评估出来访者的三个自体维度都处于比较弱和不稳定的位置。

自主性评估

来访者虽然感觉有些糟糕，但在与妻子的争吵中仍然保持着自己的主张，

尽管看上去是为自己辩解，但他并不是陷入无助和极度的自卑当中，而是寻求朋友和咨询师的帮助。在互动中咨询师感到来访者尽管陷入焦虑，但他不希望被催促，他想有自己的节奏，他并未寻求父母的帮助，他不想承担"瞎操心"的父母带来的额外压力。

保存自体的策略及有效性

来访者主要靠压抑的防御方式，也有一些合理化的自我安抚和保护，但相对与业主的冲突带来的糟糕体验而言，这些防御方式不太有效。来访者在与孩子的沟通中也难以控制情绪，在与咨询师的互动中不太能去体验感受，比如谈到妻子带给自己的压力和被超车带来的体验，他都会比较隔离，甚至否认。

在这些防御的背后可以感受到来访者因被与他人比较而激活的感觉是很糟糕的，包括比人差、能力弱的羞耻感以及对未来迷茫的焦虑不安。

自体客体关系的评估

对该来访者自体客体关系的评估见表 5-1。

表 5-1　自体客体关系评估

	父母	妻子	朋友
信息	无法提供支持，对来访者的信任也不够	否定，不满，没有分享自己成功的经验	有陪伴和支持
镜映	焦虑，信任度不够	不认可，贬低	无
理想化	未能提供支持	未能提供支持	有一定的目标引领
孪生	无经验分享	无经验分享	有分享，但力度不够

自体客体移情的评估

从目前来访者因焦虑来寻求咨询以及自体客体连接较弱的情况来看，当下其在咨询关系中激活了理想化的需要，包括安抚与陪伴，以及对未来目标和方向的支持与引领。

在"互动一"中，咨询师体会到来访者对朋友的羡慕中有一种前缘的渴望，隐藏在"他比较敢干，我没有他那么自信"的表述背后，因此咨询师并未陷入对来访者焦虑的讨论中，而是询问来访者自己的想法和意愿，"你喜欢你的工作吗"这个视角很可能很少被来访者的父母和妻子关注，他们更关注现实的问题并感到焦虑，而咨询师更关注来访者的自主意愿，并在认真的倾听后给予回应，即看到了来访者自己的想法、感受和意愿，那些关乎自我界定的移情在互动中有所激活。

在"互动二"中，咨询师继续关注前缘视角，询问来访者是否对未来有自己的打算，来访者开始将妻子的焦虑和自己的节奏分开来看，那些自我的意愿呈现了出来。"我还没太想好要做什么"，在这句话的背后，有一种隐藏的、渴望被允许及不被催促的愿望。咨询师的理解与接纳是来访者非常需要的，他的节奏被打乱了，很需要被安抚。在这个阶段来访者需要一个立场更坚定的人陪伴，让他的自体感先有一个基本的凝聚，他才能渐渐找到自信。

在"互动三"中，咨询师有一个考虑是想快速地了解来访者在镜映和理想化需要的维度上是否与父母有一定的连接，而从"没必要让他们跟着瞎操心吧"的反应中，可以猜到他与父母的情感连接里有基本的支持，但父母提供的可能只是对他的担心以及无效的建议，从中也可以体会到来访者应该是缺乏认可和理想化支持的。从来访者有些防御的口吻中可以猜测到，这个问题有可能触动了父母对其失望带来的羞耻感，因此来访者的经验组织原则中很可能有"不够优秀是丢脸的、在别人眼里是无能的"，而这一点很可能会限制获得他人帮助的自体客体需要的激活。可以猜测他和朋友的聊天中会有因担心自己被朋友笑话的自我保护，因而无法获得有效的分享。

在"互动四"中，咨询师做了一个大胆的猜测——被超车可能带来了比别人慢或者被超越的羞耻体验，这个体验很可能是咨询师自己的，也可能是来访者的，尽管没有清晰的答案，但在来访者"谈不上不好吧"的不确定回应中可以体会到，也许这个感觉是糟糕的，但不一定是无法触及的，在之前的互动中来访者能感受到咨询师并未嘲笑他的止步不前。而在来访者寻求支持的意愿下，渴望与羞耻很可能处在同时激活又有些防御的状态。

这个部分的评估即在互动中对平衡态移动的判断，来访者的欲望和平衡因子总是同时处于某种激活或者压抑的位置，而且在体验中不断地移动，咨询师需要观察自己的反馈带给来访者的反应是更加激活的还是更加防御的。对于防御的评估不再只看来访者激活的情感是什么以及多么糟糕，而是要同时评估咨询师自己对于这些糟糕情感的体验位置。

咨询师对于自己的无意识部分是不易觉察的，但来访者的反应往往提示了咨询师是否更靠近来访者的感受。每当咨询师开始留意自己的体验时，就会更客观、全面地评估自体客体移情的位置，并加深对来访者的理解。比如在"互动四"中涉及了羞耻的体验，咨询师可能因为自己的经验更容易识别出在与人对比时所激活的羞耻感，然而来访者的反应是防御的，这时咨询师很可能还未启动体验，比如去体验与更有能力的人对比时，自己是差的、不如人的糟糕感觉，因此来访者并未感到咨询师是在理解自己，很可能是感到被人看穿了并被嘲笑。咨询师需要留意来访者的"谈不上不好吧"的反应中，有可能蕴含着对咨询师的解释感到不舒服，从而再次给予来访者理解以及共情性回应。

咨询师一旦体会到自己未能进入来访者当下的无意识冲突——渴望被认可，同时又对自己不满意——将不会以单一的羞耻视角工作，而是体会到来访者当下在与自己的关系中被认可与被帮助的渴望。

诊断

自体心理学会围绕受自体客体关系的影响所形成的自体感及相关维度而做出诊断。自体心理学的诊断来自共情下的评估，它更具有个性化的特征，不是将来访者归为某类问题的笼统诊断，也不会以症状及人格特征做出诊断，比如焦虑、抑郁、强迫、双向情感障碍，以及自恋或边缘人格障碍等，而是在心理问题的本质层面做出诊断。

以案例 5-2 为例，对该来访者的诊断基本上可以这样表述：来访者在较弱的自体客体关系中无法获得足够的理解与支持，导致自体感在胜任感、价值感以及目标感、方向感的维度上都处于脆弱的状态。这样的诊断不会将来访者视为个人出了问题，而是关系中的情感连接出了问题，这里既包括自体客体环境缺乏回应、理解与支持，也包括来访者出于对脆弱自体的保护，因而还难以表达和寻求理解与帮助。

第三节　个案报告

报告呈现无意识

写个案报告的意义是通过对咨询工作的介绍获得督导的支持或为评审工作提供参考。自体心理学取向的个案报告**侧重自体客体关系**的呈现，包括在互动中来访者激活的情感体验，表达方式及其代表的意义，自体客体移情中所涉及的自体客体需要，通过症状、防御等线索体会到的自体状态，等等。比如来访者的情感体验是流动的还是隔离的，互动中的动态特征是碰撞、僵持、还是相遇或远离。个案报告中更多地呈现来访者是怎么与咨询师互动的，并不侧重于介绍来访者所叙述的内容，比如成长史、亲密关系、症状等，而是将来访者在咨询中呈现这些内容的方式作为报告的重点。

例如，在个案报告中对来访者创伤史的呈现，只提供来访者讲述的内容是不够的，还要提供细节，使阅读个案报告的人了解咨询过程里发生了什么，比如来访者是以什么样的方式讲述的，尤其是那些非语言的信息，比如在讲述创伤经历时的眼神、语气、停顿、迟疑、沉默，以及情感体验是激活的还是隔离或解离的；咨询师在这个过程里的体验是怎样的，是活跃的还是抑制的，比如气愤的、悲伤的，或者无感的、麻木的。这些内容更能呈现出咨询过程中来访者和咨询师的精神世界里发生了什么，在有关创伤的呈现过程中激活了什么感觉，在感觉被激活的时候，彼此是更处在体验当中还是更远离体验。

报告呈现主体间的互动

个案报告应该呈现出咨询的进展情况，包括工作的深度及难点。但总的原则是在一个主体间互动的关系中呈现，因此咨询师的反移情通常是提供理解的重要线索，而不再作为需要与另外一个人讨论和处理的问题。尽管反移情与咨询师的个人议题有关，但重点是在个案报告中提供在互动中触及的情感体验，以及理解来访者时遇到的困难，不管这些体验与咨询师个人议题的关联如何，找到与描述它们都是个案报告中的重要部分。咨询师可以依据这部分来标注工作的位置，并作为以后工作的方向与节奏的参考。通常这些议题涉及恐惧与羞耻的各种表现形式，有经验的督导师会侧重在这些有难度的工作位置与咨询师一起进入体验并试着理解来访者。

报告内容侧重体验

个案报告虽然是咨询师个人工作的总结及与同行交流的文本参考，但它在本质上是对来访者理解工作的呈现，因此既要有咨询工作的内容，又要有咨询师的体验与思考。撰写个案报告的过程是对咨询工作再次体验并理解的过程，呈现的内容需要围绕无意识的主题，即各种自体客体需要，以及对此的工作，即自体客体移情的呈现与变化。也就是说，尽管个案报告是对个案的抽象与概括，但它们却是对咨询工作中体验总结的结果，即对体验中的要素——语言与非语言、情绪、行动化、感受，以及对在这些体验中获得的意义的思考。

个案报告形式参考

1. 来访者的基本信息

2. 来访者的状态

刚开始的状态以及后来的变化

从什么时候开始有变化

令你印象深刻的神态、动作

3. 来访者的表达方式

滔滔不绝的

平淡的

兴奋的

低沉的

沉默及特征

非语言表达

4. 咨询师的表达方式

打断来访的

询问为主的

倾听为主的

带动式的

……

5. 互动的特征

以一人为主的

交互顺畅的

交互受阻的

……

6. 来访者的情感状态

流动的

停滞的

难过的

有些兴奋的

恼怒的

烦躁的

平静的

……

7. 工作的位置

a. 整体位置

更防御的

更多渴望的

有些停滞的

b. 具体位置

程度：激活的或压抑的（自体客体需要）

类别：夸大（镜映）经验

理想化经验

孪生经验

自我界定的经验

其他的

8. 自体感

更打开

更混乱

稳定但僵硬

趋于稳定统整

模糊但有些方向感

……

9. 来访者主要和我谈了什么

事件以及思考

其中的感受

感受后面的意义

10. 谈话的过程

提供逐字稿 1~2 页，或几个片段

11. 印象深刻的瞬间或过程

……

12. 来访者的痛苦

痛苦是什么

有什么表现（症状及防御方式）

来访者对此是否容易感受到

咨询师对此是否容易感受到

痛苦是怎么形成的

13. 来访者的渴望

是否可以感受到来访者的渴望

来访者的渴望是怎样呈现的

没有捕捉到来访者的渴望

14. 咨询结束后咨询师的感受

总体印象

感受

反思

15. 咨访关系

我喜欢来访者

我讨厌来访者

我对来访者没有太多感觉

感觉复杂

……

16. 督导内容

……

第六章

临床工作过程

第一节　关系与主题

关系与主题密不可分

心理问题是在关系中形成的，在咨询关系中各种主题将再次呈现，因此理解和治疗也要依赖关系来完成。关系的本质是自体客体需要，因此可以说关系与主题是两个密不可分的工作内容。所有的工作内容都贯穿在关系当中，有关系才有情感连接，才有理解的前提。有关系意味着自体客体移情的发生，或者自体客体连接的发生。连接使那些无意识主题得以在关系中显现以及有机会被理解。因此，关系（自体客体连接）是治疗的前提，而关系需要落实在主题（自体客体需要）上才产生意义，治疗才有可能进行。

在临床工作中，无论是在初始阶段、过程当中还是结案阶段，咨询师都要不断审视关系与主题，才能确定在做什么，发生了什么，是否有进展以及存在的问题，而这种审视是对于双方的无意识的关注，对于当下体验中的核心感受及其如何呈现的关注。例如，是双方一起在体验还是一方在隔离的位置，以及双方体验深度的差异，当下的咨询是一种重复还是处于自体客体移情当中。

找到主题

无论来访者有什么样的痛苦与诉求，咨询的方向都指向自体客体需要，即在一个有自体客体连接的关系下，来访者会因不断地被理解而获得自体感的稳定与发展，进而有力量地、自信地工作与生活。

因此无论在哪个阶段工作，咨询师需要了解的都是来访者的无意识渴望。咨询师需要透过来访者的各种呈现，找到这些无意识主题，这个过程需要在双重体验中完成，既在来访者的视角下感受，又要回到咨询师的位置感受。咨询师不是在单一视角下评判来访者的投射，而是在双元视角下看待投射，并把它们当成获得自体客体连接的线索。

投射的本质不仅仅是一种防御，也是在防御之下的一种无意识表达。例如当来访者对咨询师表达不满时，从表面上看他们将自己糟糕的部分投射到咨询师身上，但去体会来访者就会发现无能感令他们非常无助，他们急切地需要有人有能力帮助他们摆脱这些困境，咨询师再回到自身的体验就会发现反移情里也有对无能感的排斥。如果咨询师可以面对感受就不会再陷入投射与认同的循环中，而是去关注这些感受背后的无意识需要。

咨询师需要启动类似的体验，唤起自己在遇到困难又无法解决时的感受，然后再设想自己在向另一个人倾诉时会有什么体验。我们会发现一个人并非是想找到办法克服和摆脱糟糕的感受，而是想将这些感受作为传递被理解的渴望的桥梁。来访者希望你可以感受到这些糟糕的体验，了解他们所处的困境，并带着这些体验来体会他们的感受是什么，希望获得什么，从而理解他们需要什么。我们可以通过案例 6-1 来了解上述过程。

案例 6-1 ···

　　一个非常焦虑的来访者讲述了自己在新入职的工作中遇到的困难，他已经很努力了，但领导并不满意，他感到自己很差劲，周围的同事似乎都能胜任工作，没人理会他的无助。他在一个咨询师的微信公众号上看到了有关职场心理的文章，于是找到了这位咨询师。

　　咨询师了解到，来访者希望咨询师给予他解决问题的办法。他每天上班的感觉非常糟糕，既气愤领导对自己的区别对待，也觉得在被领导批评时，周围的同事都在笑话自己。咨询师表示可以通过心理咨询了解发生了什么，并解释说，自己可以理解他的感觉，但仍需要一个过程，来访者听到后感到失望，觉得咨询师也没有什么办法，猜测心理咨询没什么用。

　　这是一位新手咨询师，她在理论学习与培训中已经学到了一些知识，并对人类痛苦的体验有了一些自己的思考，但还处在积累临床经验的阶段。听来访者这样讲，咨询师的自信有些被动摇，感到来访者的催促让自己也急于想出一些主意来帮助他。但她并未急于为自己解释，也没有出主意去帮助来访者，她想更多地体会来访者急迫的体验里都有什么。

　　于是她请来访者讲讲每天的具体工作，为什么会被领导批评，以及当时的感受是什么。尽管来访者依然很焦虑，但也很想让咨询师看见自己的难处，他表示领导的批评让他感到委屈，认为领导在针对自己。咨询师从来访者的委屈中感觉到他是在认真努力工作的，但显然遇到了困难，既着急、羞愧又无法解决问题，难怪他急于获得帮助。

　　咨询师一边体会来访者的无助，一边体会自己的感觉。在听到来访者复述领导的话"这么简单的事情你也会错！"时，咨询师有些糟糕的感觉冒了出来，这有些像自己在团体督导里的体验，觉得在其他咨询师眼里"自己都做了啥呀"，那种不会做咨询的感觉好糟糕啊，但咨询师明白这种感觉和小时候父母的严苛有关，而事实上自己仍然在坚持和努力，很需要获得鼓励和支持。咨询师从自己和来访者的体验中找到了一些理解的线索，来访者渴望的是领导能看到自己的努力，不要那么否定自己，尤其是他陷入羞耻感中无法向同事请教，这些体验咨询师也经历过，她曾经也以为自己太差了。在学习了自体心理学后，她明白是自体客体需要一直未获得理解和回应，才让她有了这种自我评价，于是她将自己的理解告诉了来访者。

> 咨询师：我能看出你很努力，一份新的工作就是会带来各种问题，我觉得你是很期待领导肯定的，但被批评的感觉太糟糕了，你会觉得自己很没用，并且也不想请教同事，你不想让别人看笑话。

当咨询师可以找到并指出这些自体客体需要时，来访者获得的是一种新的理解和体验。虽然现实问题并未解决，但来访者感到咨询师是懂他的，而不是为他着急的，他开始有了新的视角和空间看待自己的问题。

从上述工作中可以看到，咨询师找到了来访者急于解决问题的背后是那些没有获得满足的自体客体需要，其中的主题关乎镜映的需要、理想化的需要以及孪生经验的需要。具体而言，这些需要分别是在学习工作技能的过程中付出的努力被认可、挫败被允许和安抚，以及获得他人工作经验的分享。因为被批评和无法获得帮助，来访者掉入了自我否定的羞耻感中，并因此抑制了自体客体需要的表达。而咨询师在体验中穿透了这些糟糕的感觉，看到了这背后的渴望。当这些无意识需要被清晰地表述，尤其是在咨询师坚定明确的态度里没有嘲笑，也没有替他着急，而是理解和允许时，咨访双方就建立了自体客体连接，咨询工作就有了立足点和方向——在相关的主题上不断展开体验和互动，来访者将渐渐明白自己正在经历什么，焦虑下面的感受是什么，并在这段新的关系中不再感到被笑话，和咨询师一起走近和面对尴尬的体验，在被理解中认可自己的需要。

第二节　判断与调整工作位置

判断工作的位置

咨询过程总是围绕自体客体需要这条主线起起伏伏，有时进展顺利，有时停滞不前，困在某处。因此需要咨询师经常反思和觉察工作正处在哪个位置。这个位置不只是来访者的无意识位置，也是咨询师的无意识位置。有时更靠近欲望激活的位置，有时更靠近防御的位置，有时在两个位置之间不断地切换。

把握工作位置的关键在于能否更好地完成理解，理解工作不是一个线性过程，而是在不断的碰撞中觉察咨询中被激活的某个主题，并使其逐渐获得确认，或者咨询师意识到因互动中回应得太近或太远，那些浮现的主题又潜回到无意识当中。理解通常不会太顺利，因为在来访者的体验中有两种同时存在的动力，他们既在渴望的驱动下感受到某种需要，又因早年的失败互动体验压抑这些需要，这两种动力会频繁交替地出现并发生变化。当咨询师工作经验足够丰富时，会感到这个过程每时每刻都在发生，理解工作就是在互动中不断识别这些动力的变化，并通过自体客体回应逐渐完成的。

在体验中我们会发现，那些卡住的地方常常是理解未发生之处。这个位置会反复出现，咨询师需要不断地与来访者的体验相遇，才能有机会靠近他们。在这些未理解的位置，来访者常常有如下体验：模糊的、说不清的、有什么又不确定是什么，靠近时是难受的，远离了以为好了，但发现还是有些糟糕感觉在那里。因此，来访者的叙述常常混杂着情绪和想法，咨询师感到模糊和不理解是正常的。

这需要我们不急于处理情绪或做单一的理解，即只解释欲望或只解释恐惧和羞耻，而是尝试耐受模糊的、混杂的感觉，允许欲望与不安的同时存在，尤其是适应它们与防御的同在。当你不断地在与来访者的互动中体验到这些时，就会增加对来访者的理解，从而发现他们在如何处理那些糟糕的感觉，并理解那些不断反复的过程正在提示他们在当下与咨询师的关系中有多么不安，同时又多么渴望不再经历以往的糟糕体验。

这个过程实际上一种悬搁的状态。**悬搁**是哲学家胡塞尔提出的现象学还原的一种方法，**悬搁**意味着对任何事情都不进行预先的判断，不去评判好与坏，在心理学实践中意味着意识部分的弱化和无意识的启动，之后，通过"本质还原"即在直观中把握对象的本质。我将其理解为"保留无意识的意识"，而其本质在心理学中是指一种"模糊中的清晰"。

在互动中不断调整工作位置

案例 6-2 ....

　　这是一位喜欢理性思考的男性来访者，我们通过视频做的咨询，目前已经做了 10 多次。每当触及一些感受时，来访者都会表达他不会受到情绪的影响，比如，谈及在人际关系中被人贬低时，我问他："被贬低会让你感到气愤和受伤吗？"他会用"每个人都有自己的局限性"这样的说法来回应我。来访者说他曾是一个喜欢与人交流的人，经常向别人分享自己的一些观点和看法，却很少得到认同，在某次与别人交谈时，对方认为他"不懂装懂"，从此以后他不再轻易表达自己的观点。我发现他所受到的评判激活了我的一些不舒服的感受，我对他说："怎么能这么说呢？每个人都可以分享自己的想法啊。"在之后的几次咨询里，我们总是在类似的位置徘徊，我有些接受"和那些无趣的人分享是没有必要的"这样的想法了。

在最近的一次咨询里，在镜头里我看到来访者换了一个位置，在他的后面有一排架子，上面摆满了电影光盘。来访者之前的谈话中曾经提到他很喜欢看电影，但直到看见满书架的电影光盘后，我才有了一些真实体验，开始好奇来访者都看了些什么电影。

咨询师：你有这么多电影光盘啊！

来访者：都是以前买的，我喜欢收藏电影光盘，不过现在都是数字文件了。

咨询师：你爱看哪种类型的电影呢？

来访者：主要是一些写实的剧情片和小众的艺术片。

咨询师：是什么让你对这类电影感兴趣呢？

来访者：通过这些电影我能够体验真实的人性、现实的残酷与美好。

咨询师：真实的人性？

来访者：我觉得我们现实社会中，很多人都是不真实的，披着类似的外壳，庸庸碌碌，尽量回避冲突，没有自我。

咨询师：你说的外壳是指？

来访者：身份、背景、学历、职业、社会角色，等等。

咨询师：你的经验是怎样的？

来访者：我也一样，身上套着这些外壳，虽然我知道层层包裹的里面还有一个真实的自我，但我没有办法展现出来，也没有人能看得到。

咨询师：所以你想在电影的世界里寻找共鸣和类似的体验？

来访者：是的。

之后，来访者讲了很多电影里的剧情和人物，不同的人生和价值观。那是一次非常轻松愉快的谈话，我被他的思考所吸引，他也沉浸在电影带给他的各种体验里。显然，许多电影对他的价值观产生了深刻的影响，在快结束的时候我问他你最喜欢哪部电影。

来访者：太多了，实在没有办法单独选出来一部（他说了一大堆电影名字）。我推荐你看看这些电影，真的特别好，不过要尽量找导演剪辑版来看，可以让作者的原始创作得到最大程度的还原。这些电影可以让你扩大自己的视野，形成自己的思考和观点。

咨询师：好，我会去找来看，然后再和你聊。

在咨询后我找到了其中的两部电影观看，并在下次咨询里告诉了他。

在做咨询笔记时，我在体会我们之间发生了什么，我对他不想再与人交流观点的感受是认同的，似乎我也陷入了类似的受伤体验中。但在后面的交流中，他的分享带给我的体验是令我意外的，他唤醒了我在观影和思考时的快乐和满足，虽然我也对电影感兴趣，但显然他有更多的思考和感悟。他的确打动了我，我很愿意让他知道这一点，决定去看他推荐的电影。

我尝试重新回到卡住的位置，发现自己模糊的情绪下面是被评判的羞耻感，我在用合理化防御受伤的体验。他唤醒了我类似的体验，即向他人讲述自己与众不同的观点时内心的忐忑：既渴望有人认同自己又担心"枪打出头鸟"，"太不谦虚了，自以为是"的声音让我质疑自己的思考是否成熟，甚至会担心被嘲笑。当听到来访者的独立思考时，我既体会到一种在探索中获得的满足，又有不被理解的孤独。虽然他对价值观的思考我并没有答案，但我很认可他的独立思考精神，也很愿意回应我受到的启发和对他介绍电影的兴趣。

在这个案例中，来访者的渴望被搁置在一个防御的位置，即"不需要回应"。但在对电影的"闲谈"中我进入到对他的好奇中，在后来我们共同创造的谈话空间里，真实的体验放大了彼此对独立思考意义的确认。尽管这种讨论仍局限在两人之间，但来访者那些拥有独立的思考并可以带给他人价值的渴望被激活，并获得了回应。而那些以往的受伤体验被识别出来，并在新的体验中发生改变。分享里的体验是愉悦的，是有价值的，表达不成熟的思考不会被嘲笑，独立的思考是可贵的，令人欣赏的。

第三节　在工作节奏的变化中完成理解

在错位中找到理解的机会

咨询工作的过程是不可复制的，咨询的节奏与咨询师和来访者在每个当下的不同状态有关，并且因两者的互动不断地变化。节奏的变化受到双方无意识水平的影响，咨询也因两者节奏的错位呈现出某些无意识主题。

我在督导中与咨询师一起讨论时，发现工作的推进并不在于咨询师是否更有能力掌握咨询的进程，而是在于他们能否在不理解发生时或者说在咨访关系的错位中发现咨询工作的规律，比如来访者反复地请假或暂停咨询，或者咨询师"认真"工作反倒使节奏变慢，等等。当在更大的视域——即在来访者与咨询师以及督导师的主体间互动中了解变化的规律时，会在这些规律中找到蕴含的无意识主题。让我们通过案例 6-3 一起来感受这个过程。

> **案例 6-3** --

来访者一直按时来咨询，几乎不请假，但咨询师向督导师抱怨，觉得不知道为什么工作很难有进展，本期待下一次可以和来访者深入讨论，但又会进入到重复的平淡叙事当中，咨询师很难记住和捕捉到有什么重要的主题。

咨询师：我有些难以理解他为什么要来咨询，觉得自己没什么用处，咨询毫无进展。

督导师：你希望做什么呢？

咨询师：比如他告诉我经历中有什么感受，我发现他的自体客体需要。他给我一种距离感，不是冷漠的那种，他每次都按时来咨询，也挺愿意讲话的，但就是给我一种不远不近的感觉。

督导师：他在讲话时带给你什么感觉？

咨询师：我觉得他在工作和生活中是遇到一些问题的，比如工作上有压力，睡眠不好等，但我却很难深入工作，他给我一种无法靠近的感觉。

督导师：你想做点什么，但他却让你感觉没有机会。

咨询师：是啊，我写报告的时候，觉得自己好像什么也没做。

督导师：你不是什么也没做，你陪着他浮在表面，只是还难以深入工作。你觉得他在干吗？

咨询师：他在防御呀！

督导师：那我们先看看他在防御什么，这应该不是针对你，而是应对他人的一种生存方式。

咨询师：对，他和父母的关系也是一样的，我问他会和父母聊他在工作中的压力吗？他说"也不是什么大问题，应该自己可以解决"。

督导师：你能体会一下他的内在是怎样的吗？

咨询师：他不太想让人看见他的问题吧？

督导师：你有什么线索？

咨询师：他在工作中挺努力的，但觉得自己缺乏与人交往的能力，他的意思是希望找到一些方法和技巧克服自己的问题。

督导师：他是怎样描述"缺乏与人交往能力"的？

咨询师：他不会讲细节的，我也没问，觉得他是很努力的，甚至觉得只要提升一些交往能力他的问题是可以解决的。

督导师：你可以想象一些场景，一个人在缺乏交往能力时会有什么体验？

咨询师：（停了片刻）会有些窘吧，我想过这个问题。想问他一些细节，但我担心和他一起掉入无能感里。说实在的，我也不知道谈论这些感觉有什么帮助，我不想让他感觉我在笑话他。

督导师：你会笑话他吗？

咨询师：我觉得窘的样子还是挺尴尬的。

督导师：所以那些"浮云"就会先飘着，不要那么快下起雨来呀。
（咨询师和督导师一起笑起来。）

咨询师：那你的意思不是我做得不好？

督导师：嗯，先去理解发生了什么，你为什么想帮他，他为什么不想让你看到他的困难，似乎你们都卡在了"一个人的能力不行是令人耻笑的"这个主题上。

在这个对话中，督导师并不是直接告诉咨询师来访者怎么了，以及建议咨询师应该怎么做，而是在互动中了解咨询中发生了什么，从而理解来访者仍旧处于防御的位置，这和咨询师需要防御无能感带来的羞耻主题有关，他们还需要更多的时间、更慢的节奏，让那些"浮云"不断地出现，让两个人一起保持在无能感与期待同在的丰富体验中。

督导师个人的反移情同样会对咨询过程有影响，当督导师不去克服无能感，而是理解其中的感受与意义时，就不会着急帮助咨询师找到办法去工作，而是陪伴咨询师容纳这些感受，直到咨询师相信自己被理解和接纳。在上面的案例中，工作节奏的缓慢以及暂时没有太强的波动，是需要我们先理解的，这是一个必要过程。在理解之后，就会渐渐发现更强的"音符"——来访者在关系中的渴望与不安。节奏感的变化会让双方都体会到出现了什么，又变弱了，或者反复出现后逐渐增强，直到发现一个无意识的主题在关系中清晰地呈现。**理解就是在这样的节奏变化中完成的。**

如何掌握咨询的节奏

掌握咨询的节奏是指可以在互动中发现精神世界的规律，而不是由咨询师去"努力"做什么。咨询中的两个人必然在互动时因对方的态度产生反应，又因这个反应在内心产生变化，这种变化可能是叠加的、增强的，也可能是消减的、变弱的。我们并不能以一种预期的、目的性的方式工作。

比如，咨询师经常会说："这个来访者太防御了，很少表达感受，应该怎么做呢？"需要做的不是让来访者减少防御，告诉我们更多的感受，而是去理解彼此之间发生了什么，然后再根据理解来调整当下的工作。比如，先理解当下谈论的话题中需要防御的是什么，假设是担心被嘲笑，那么来访者为了避免体验到羞耻感，当然不会去靠近这些感受。咨询师如果明白需要与来访者一起体验才会发现这些无意识的内容，就不会急于让来访者表达感受，而是体会到防御的意义，意识到彼此的关系对来访者而言仍然是不安全的，彼此需要更多的互动，在更多的理解中获得信任之后，才可能有机会触碰那些动摇自体感的主题。

有个成语叫"一板一眼"，形容一个人做事的刻板。板和眼是音乐里的术语，描述强和弱，一首好听的乐曲显然不会是一板一眼的，而是有变化的，比如一板三眼，是指由强到次强再到弱的变化；再比如交响乐，其中既有主题，又有围绕主题的发展变化，有时舒缓有时激烈，主题似乎变弱了却又会再次出现。我们也可以在咨询中发现一些类似的节奏变化和规律。

长长的叙事 + 短暂的收尾

> 长：缓慢的、冗长的、铺开的、无序的、无主题的
>
> 短：强烈的、短暂的、快速收起的

冗长的叙事常常看上去是无主题的，但这是一个必要的过程。如果咨询师在这样的叙述中仍然保持一种倾听的姿态，就会听出来一些感觉，发现那些模糊的、看上去不重要的内容下面可能是难以面对的糟糕感受。而那些常常在咨询快结束时出现的主题会让彼此都没有时间来展开，因为它们既需要被看见又需要被搁置。

在松散的闲聊中反复出现的主题

松散的闲聊是自由联想的前提，我们需要允许来访者有轻松的体验，而不是刻意地配合咨询师完成某种目标。某些无意识主题反复出现是一个必要的过程，无意识主题是一直存在的，但它们需要一段不断发展的关系，从试水到停留直到真正地被理解。

急促出现又倏忽消失的主题

急促出现说明某种无意识的内容冲破了防御，而倏忽（很快地）消失意味着咨询师和来访者都尚未准备好。咨询师需要逐渐识别自己的位置和变化，有

时来访者的无意识主题同样也是咨询师的无意识主题。比如,死亡焦虑几乎无法由来访者自行探索,他们无法去靠近那些本需要防御的东西,这种强烈的主题很多时候是由其他轻一些的焦虑铺垫的,而咨询师也需要有一个对焦虑意义逐渐了解的过程,甚至有时咨询师比来访者有更多的防御。这时咨询的节奏是缓慢的,甚至来访者会暂停或终止咨询。从更宏观的角度看,这并不是一首"乐曲"的终结,而是需要更慢的节奏、更多的等待,这种暂停无所谓对错,重要的是可否被理解,并在理解下得以延续和发展。

前缘与后缘的切换

前缘与后缘的切换提示着咨询节奏需要变化,当来访者处于后缘的位置时,需要咨询师理解那些对自体保存所做的努力,并因此调整咨询的节奏,暂时搁置工作的重点——欲望,即前缘,容纳来访者因触及需要而产生担心被拒绝或被嘲笑的不安。而当识别到来访者潜在的前缘时,咨询师会允许和理解同时存在的不安,并通过呈现一种新的关系和新的体验,与来访者一起理解那些若隐若现的无意识主题。

案例 6-4 --

这是一位中年来访者,他遭遇了人生的坎坷,从总公司主要领导的职位被安排到异地分公司的一个闲职,于是他陷入低落与迷茫之中。咨询中他总是试图整理其中的逻辑,比如人生是一种平衡,有失就有得。仿佛只要他可以和我讲得通,我便能被他"说服",我没有办法去触碰他的糟糕体验(挫败感和孤独感),尽管我知道他一直困在自己的世界里。他对孤独感的逻辑是"人生必然是孤独的,抗拒毫无意义"。在这个后缘的位置我们徘徊了相当长的时间。

一次咨询中我们聊到他跑步的爱好，他告诉我刚刚参加完一次马拉松比赛，我在想象他跑步的过程以及冲向终点的体验，令我惊讶的是他说道："跑的过程只是累，跑到终点并没有太多的成功喜悦。"我将我想象中的感觉告诉了他，包括胜任感和超越自我的满足感（前缘），他极其平静地说："我没有这些感觉。"（后缘）。他带给我两种反差极大的感受，一路奔跑的执着和过于冷静的反应，让我有一种身体的血液在快速流动（前缘），而大脑却在释放冷却液（后缘）的冲突感觉。我问他："是否有一种超越体能巅峰的成就感？"（前缘），他说："你感觉我超越了自己，我看到的是那些超越我的人。"（后缘：自满是危险的，时刻要看到自己是不够好的）。他告诉我跑到中途时一度感到体力无法支撑，但还是坚持到最后。我体会着他的感觉，好奇他在体力不支的情况下坚持到最后是一种怎样的体验。

我：坚持下来一定很难吧？

来访者：是，开始我很想有个好成绩，因此前半程跑得太快了，我一度以为自己跑不下来了，但后半程我放弃了名次，虽然慢了很多，但还是坚持下来了。

我：我为你感到骄傲，你的感觉呢？

来访者：我并不确定，我还是应该多加锻炼（后缘，熟悉的、安全的、自我保护的）。

在他理性的外衣下，我看到了他展露自我的抱负心（前缘），我认真地回复他我的直觉。

我：我觉得你做到了很多人都做不到的事，我确信跑到终点让你感受到了别人无法获得的体验，真的很了不起（前缘）。

这次他没有否认我，脸上露出了开心的笑容。

我们一起逐渐进入到更前缘的位置，尽管还伴随着自己不够好的感觉，但他开始确认自己身上的可贵之处。我们在这个难得的赢与输的交错之处与他的坚持相遇，之后他开始更多地谈论挫败感，我则发现了这背后他对被认可的期待。

如何突破工作中的难点

第一节　如何打破僵局

僵局是怎样的

在彼得·A.莱塞姆（Peter A. Lessem）所著的《自体心理学导论》中专门讨论了破裂与修复的工作，并将破裂视为一次理解的机会，由咨询师和来访者一起寻找"破裂"这种强烈的动力表达着什么，并一起完成理解。在此我想介绍另一个更普遍的临床现象——僵局，它通常没有到达破裂的位置，但却是另一种强烈的动力，并且是两个主体共同体验到的，既是一种僵持又是一种未放弃的过渡状态。

每当咨询进入僵局时，工作就处于停滞且卡住的位置。处在僵局中的咨询师和来访者的体验往往是不舒服的，彼此有距离感，但不是想远离，而是无法靠近。这时，咨询师对自己和来访者都是不理解的。咨询师感到来访者处于难以深入或打开的位置，同时觉得自己也难以靠近来访者。僵局有时在咨询初期就可能出现，有时会在咨询进行了一段时间后出现。改善僵局往往需要一些时间，有时短，有时长，无论时间长短，咨询师与来访者的内心世界都会经历较大的碰撞。经历僵局以及打破僵局往往意味着咨询进入到了某些需要理解的关键之处。

对于来访者而言，这时往往存在某种阻抗，比如感到没什么可谈的，或者只能讲述重复的内容，或者坚持某些想法和观点，觉得咨询师不理解自己，并在情绪的积累下表达对咨询师的不满，尤其对咨询师的反复询问感到不解，这时他们很难再触及更清晰的、深层的感受，而通常会产生一些烦躁甚至愤怒的情绪。对咨询师而言，同样也卡在了困惑当中，他们对来访者的阻抗感到不解和无能为力，并对来访者投射来的不满感到沮丧和尴尬。

有时僵持的时间久了，表面上看，咨访双方对未来都显得信心不足，但却都没想放弃，这个位置和"断裂"不同。断裂，更像是一种用极强烈的行动化来呈现不满，将移情的浓度升至最高值，因此当咨询师承认并找到来访者的某种自体客体需要时，关系将逐渐得到修复。而僵局的位置更像是一个缓冲地带，咨访双方都无法再深入地理解，但并不是趋于断裂，而有些像拉锯战，来访者等待咨询师可以找到工作的突破口，而咨询师希望来访者可以更多地体验和表达。

案例 7-1

一位30多岁的女性来访者抱怨对婚姻的不满，她结婚后就做了全职太太，一直在家照顾孩子，现在孩子已经上学了，她想找份工作，但一直没有具体的想法。她觉得自己付出了很多，但并未得到丈夫的肯定，和丈夫的共同语言也越来越少，感到丈夫对自己疏远冷淡。咨询师回应了来访者被看见和被认可的需要，来访者也呈现了委屈的情绪，感到咨询师是理解自己的。但在这个阶段之后，咨询似乎总处在一个不能深入的位置，每次谈论的都是一些类似的冲突以及来访者自己的想法，一旦咨询师询问来访者细节和感受，来访者就会表现出厌烦。咨询师感觉到难以深入工作，同时对来访者有某种既理解又失望的感觉。

（咨询刚开始的对话）

来访者：这周还那样，也不知道说些什么。

（她看上去情绪有些低落，轻瞟了一眼咨询师，略略低着头）

咨询师：我能理解你对家庭的付出，你丈夫的态度让你挺难过的。你上次提到他让你感到冷漠疏远，能再说说吗？

来访者：还好吧，他和孩子回家前我会做好饭，但饭桌上我们很少说话，我觉得他有些不耐烦。

咨询师：是你和他说了什么吗？

来访者：我只是和他说"现在工作好难找啊"，他说我不努力找，有畏难情绪。

咨询师：你会反驳他吗？

来访者：没有，我觉得没意思。

咨询师：你想快点儿找到工作？

来访者：是。但很难找啊。

咨询师：能和我具体说说吗？

来访者：你说的具体是什么意思？

咨询师：就是你是怎样找工作的？你有什么打算？

来访者：就是问了一些朋友啊，她们都说我没有职场经验很难找。

咨询师：我觉得你的学历和能力还是可以的，你也有上班的打算，找工作是需要一个过程的。

来访者：（沉默，大约 10 秒钟）

咨询师：你刚刚在想什么？

来访者：没什么，（停顿了 2 秒钟）你觉得是我有问题吗？

咨询师：我不是这个意思，我是说找工作的确不容易，需要一个过程。

来访者：我觉得没有人理解我，似乎我不上班就是一个很糟糕的人。

咨询师：我不太明白，难道你不想工作吗？

来访者：我没说。

（陷入僵局……）

从对话中可以看到，来访者感觉自己不被理解，而咨询师也很难弄清楚来访者到底是什么意思。不难发现，当两个人相持不下又无法找到突破口时，暂时都会退到某个相对防御的位置，减少表达和交流。僵持会让咨询师有种无法理解来访者"到底要什么"的困惑，以及怎么做都不对或者没用的感觉。

停滞，意味着咨询中的两个人在各自的视域里无法靠近彼此，也就是说咨询师困在自己的视域里无法进入到来访者的内在体验；而来访者也无法相信打开内在体验后，咨询师会理解自己。这有些像咨询师无法让来访者从所在的房间里出来，但他们都可以看见彼此，只是一个在门外，一个在门里。

如何看待僵局

我们先借助两个哲学视角来试着理解僵局的存在。一个是"偏见"，一个是"易谬"。

德国哲学家伽达默尔认为，**偏见**是一种无法消除的客观存在，即"所有的客观都是主观，所有的意见都是偏见"。这种对于偏见的态度对心理学的实践者而言有重要的意义，承认偏见的客观存在，意味着我们要承认"不理解"的客观存在，而这种承认是理解的前提。或者说，我们应重新审视来访者所期待的理解是一种什么体验，是"我说什么你都懂"，还是可以接纳咨询师自身的另一种态度，即承认"我很可能是不懂的，但我相信你一定经历了什么"。

易谬是这样一种观点，即一个人错误地理解周围世界的情况是很普遍的，这个观点同样会影响心理学的临床实践。当我们以为在理解来访者时，获得的反馈却很可能是对方觉得没有被理解。这需要我们接受这个普遍存在的事实，其意义在于，我们是否可以从这种挫败体验中走出来，重新看待"不理解"本身的意义。我们可以尝试从"努力做到理解"的目标转向放弃这种努力，取而代之的是以"不理解本身是更有意义的"为前提，然后在接纳"做不到"或者"没有做好"后放松下来，将注意力拉回到体验当中。

再回到情境主义视角来看看僵局。在这里有两个角度，一个是理解必须在情境之下通过体验才能完成，另一个是理解者本身在理解的过程中即成为情境的重要部分，因此理解者如果无法了解自身作为情境要素所代表的意义，那么理解的僵局必然出现。第一个角度本书已经在之前的章节多有提及，在这里我们来看看第二个角度。

我们知道情境的嵌入性是指情境中的每一个要素都影响着理解。情境中有很多要素，要素的权重不同，不同的要素在不同的时机会让一个人的感受发生重大变化，这个过程复杂多变，但必然有某种确定的规律。由于无意识的特质以及情境的多变性，理解的发生是不容易的，我们需要紧紧地围绕情境中细微的变化，体验其中的感受，才能最终了解其代表的意义。

咨询师作为情境的一部分，会呈现出情境的各种要素。咨询师的语言内容，选择的词汇，表达的语气、声调，神态、姿态、眼神，响应度的高低，等等，都会带给来访者各种不同的感受，而这些感受有可能是重复性的，也可能是新体验，并由此带来不同的意义。当来访者感到咨询师的倾听是专注的、对表达中的无意识（既知道有什么又说不清楚）是敏感的，并可以帮助自己理解时，就会感觉自己是可以被理解的；而当来访者感觉自己的表达没有被听见或者被误解，而自己感觉更加恼火甚至混乱时，那么这将是一种重复的体验，即让来访者感到表达没有用，或者表达后反倒带来了更糟糕的感觉。

承认自己作为情境的一部分，本质上是一种从单人视角到双元视角的转变。我们不是客观的观察者，而是带有很多主观的"偏见"，很多时候我们并未意识到为什么这样说，为什么沉默，以及并未意识到我们的非语言里正在传递着某种信息。在双元视角下，我们不再将来访者放在一个孤立的客体位置，而是在一个动态系统中，意识到僵局是两个人一起构成的，那些阻抗或者防御正是双方对当下关系的某种反应。

承认自己没有理解对方，将提供给对方一种新体验，它的意义在于这种承认提供了一种期待继续听到表达的环境，来访者不会转向压抑，而是保留住一种重要的无意识倾向："也许我是可以被理解的，而不是像以前那样，总感觉是我自己有问题"。

我们在之前的章节中已经了解到互动的规律和意义，僵局的出现表面上看是互动的停滞，彼此之间传递的仿佛是一种抗衡。但大量的心理学实践证明，那些在僵局中纠结徘徊的两个人并没有放弃，或者说僵局更像是一种等待，来访者在等待僵持中的表达被看见，而不是被误解。当然这种期待是隐藏在无意识中的，是通过不满来表达的。

咨询师同样也在等待，或者说不想放弃。在之前的互动中，二人已经建立了情感连接，而僵局意味着进一步的互动遇到了困难，来访者回到了自体保存的位置，无法独自深入体验，在无法确认咨询师带来的是新体验还是重复性体验之前，僵局必然出现，它意味着有一些卡住来访者的东西也卡住了咨询师，以往的互动方式已经无法让咨询前行。那么，是来访者不愿意靠近咨询师，还是咨询师难以靠近来访者呢？

这个答案需要在无意识中寻找。一定是双方的无意识都处在无法理解的位置，作为情境要素一部分的咨询师同样陷入了困境之中，他自己也无法知晓是什么让自己无法理解对方。

咨访双方都有各自的经验组织原则，有时是相同的，有时是不同的。无论是否相同，经验组织原则都处于无意识状态，也就是说，咨访双方都不知道自己正在因此受到影响。这里讲的是那些有问题的经验组织原则，其中蕴含的自我认知通常带来对自体的破坏以及糟糕的体验。一方面它们是无意识的，另一方面它们又在发挥着作用，即一旦在关系中触发了相关的体验，防御就会阻隔这些体验的发生。当僵局发生时，往往是双方都在被各自的经验组织原则所影响。

在案例 7-1 中，僵局发生在难以深入对找工作时遇到困难的体验。来访者向丈夫和咨询师都表达了感觉很难的体验，丈夫的回应是不理解的、评判的，这激活了来访者某种重复性体验，经验组织原则在发挥作用——"没有人认可我"，她并未向丈夫表达进一步的不满和需要，因为在这个原则之下是一些糟糕的体验，比如"无能""令人失望"等羞耻感，在丈夫说她"畏难"时，这些糟糕的感觉是需要防御的，来访者用"我觉得没意思"来阻挡了进一步的体验。

咨询师回应中的内容、语气、眼神以及回应的倾向性等构成了当下的情境，而咨询师似乎并未意识到这些。虽然咨询师和丈夫的反应不同，但其回应意味着他在远离来访者的位置，即咨询师也不想体验"畏难"背后的东西。咨询师在用肯定来访者的学历和能力的方式"鼓励"来访者，而"鼓励"的背后可能是咨询师卡在了"如果来访者不想努力的话，他是对来访者感到失望的"的位置，当然这基本上是无意识的。我们看到咨询师的位置在"难道你不想工作吗"，如果来访者就是不想出去工作，很可能此刻咨询师是失望的，而咨询师的经验组织原则很可能是"一个不努力的人是让人瞧不起的"，显然秉持这个原则的咨询师不在理解的位置。

尽管咨询师不在理解的位置，但他的反应和来访者的丈夫是不同的，这让咨访关系停滞在一个特殊的位置，这里既有不满又有期待。来访者无法体验、更不能理解自己的羞耻感，但她不想放弃期待的同时又止步不前。这时来访者的平衡态处在一个制衡的位置，她既渴望获得咨询师的理解，即满足被认可和支持的需要，又担心自己令咨询师失望——被嘲笑和嫌弃。来访者的欲望处于非常微弱、不易觉察的位置，即希望有人对她保持信心，可以陪伴和等待，并相信最终她是可以的——前缘；同时，在咨询师询问找工作的打算和行动时又体验到咨询师应该是期待她尽快找到工作的，否则会对她失望——后缘。这是一个特殊而微妙的位置，既可能是一次理解的机会，也可能因不被理解而滑向更后缘的位置，即延续的僵局。

如何打破僵局

首先需要打破单人视角，从"他怎么了"到"我们之间怎么了"，即回到主体间的位置，或者看看彼此是怎样互动的。这需要打破以往割裂地看待移情和反移情的态度。尽管来访者与咨询师各自都有某种难以言明的不舒服，但这些感觉一定与对话中的某些无意识主题相关，在案例 7-1 中则与一个人的价值感是否被认可有关。来访者与咨询师同样卡在了与此相关的糟糕感受中，并且它们处在被防御的位置，暂时无法触碰。

其次，作为理解者的咨询师要先获得被理解的体验，这种理解有可能由自我觉察完成，也有可能在督导中完成，而后他才能明白如何去理解来访者。理解的路径仍然是共情，即回到互动的体验中体会感受，不急于分析来访者，也不急于处理反移情，而是关注主体的互动中发生了什么，彼此处于怎样的防御位置，是什么糟糕的感觉需要被防御，这些感觉与哪些自体客体需要相关。

在下面的督导片段中，案例 7-1 中的咨询师向督导师表达了自己的感受，从中可以体验到咨询师的困惑和某种情绪。

案例 7-1 的督导片段

咨询师：我感到困惑，似乎她并不愿意接受我对她的认可，反倒认为我给她带来了压力。但我觉得她是不自信的，太被丈夫的态度所影响。还有她的反问让我感到有些懵，我并没有否定她的意思，明明是她自己的想法。而且我觉得很难深入工作，来访者比较压抑，我觉得她丈夫的态度应该让她感到愤怒。

督导师：你觉得被评判的感觉很不好？

咨询师：是的，她付出了很多，但她丈夫很少肯定她。

督导师：我们再看看在你认可她的地方她的反应，似乎你的认可是适得其反的。这让你有什么感觉？

咨询师：有点沮丧吧，觉得使不上劲，在前几次咨询中她和我讲过她以前挺自信的，当时我感觉我的认可让她挺感动的。

督导师：看来她现在并不自信。

咨询师：可能吧，我都不知道怎么帮她。

督导师：你希望她可以有信心去尝试，而不是说一些令人沮丧的话。

咨询师：嗯，我希望她可以走出家庭，她还很年轻，只要努力会找到工作的。

督导师：她反问你"你觉得是我有问题吗"，你当时什么感觉？

咨询师：觉得有点儿困惑，我觉得我没有这个意思，现在对她有点儿失望吧。而且她说"没有人理解我"时，我感觉很难再靠近她，有点儿被推远的感觉。

督导师：嗯，你希望可以帮到她，反倒被推远。可否体会下，她可能就是不敢出去找工作，并以工作难找为理由，你会感到什么？

咨询师：无能感吧，我不知道怎么帮她。

督导师：似乎你想帮她打破她丈夫的评判，所谓的"畏难情绪"的确是一种贬低。

咨询师：嗯，我的确想帮她战胜"畏难情绪"，总是要试试看，我就不信她找不到工作。

督导师：我们再一起看看"畏难"，它的意思就是害怕困难，对此你觉得可以试着理解吗？

咨询师：嗯，我可以理解，找工作的确挺难的，我想她被拒的可能性还是挺大的。

督导师：被拒的感觉，你可以试着体验下吗？

咨询师：感觉不太好。

督导师：嗯，似乎你们卡在了这里，去体验这种失败的感觉还是挺难受的。

咨询师：是，我有点明白了，我还没有太进入到这种感觉里。

督导师：你和来访者都需要被允许和理解这种"畏难"而不应被嘲笑，下次可以在这个位置试试，看看是否可以一起先理解来访者抵御这些糟糕感觉所做的努力。

在这个督导片段中，督导师和咨询师一起回到咨询的互动中。首先督导师体会到咨询师的情绪里有一种对被评判的抵抗，可以理解到其背后是咨询师被认可的无意识渴望。督导师了解这是一位认真工作也特别渴望进步的咨询师，工作之所以被卡住是因为咨询师自己也掉进了一些糟糕的感觉里。

可以看出咨询师和来访者的经验组织原则是相似的，他们都感到失败是令人耻笑的，因此谈话卡在了这个位置。而当咨询师可以意识到自己对这种糟糕感觉的排斥并获得督导师的理解时，僵局开始被打破，咨询师获得了一些在做不到或做不好时被理解和支持的体验，而这个小小的移动意味着他不再停留在对羞耻的抗拒中。我们可以在后面一次咨询中看到这位咨询师对打破僵局所做的尝试。

案例 7-1 后续的咨询片段

> 咨询师：上次我不太能理解你，我有些着急了，可能让你感觉不太好（咨询师承认自己没有理解，以及带给来访者不好的感觉）。
>
> 来访者：嗯，我也有些着急吧，觉得自己挺让人失望的。
>
> 咨询师：找工作的确是不容易的，我们先不着急解决这个问题，我想先听你多说说你的想法，或者关于找工作这件事你是怎么想的（与上次浮于表面的工作不同，展开让彼此都回到情境当中）。
>
> 来访者：我原本打算在孩子上学之后工作，但是听朋友说工作难找后，的确有些动摇了。关键是我感受到来自老公的压力，觉得在他眼里我已经无法和他有共同语言，他说我与时代脱节了（来访者再次回到了被评判的位置，她是渴望自己有价值的，但被贬低的感觉带来的意义是什么呢）。
>
> 咨询师：与时代脱节？意思是说你一直待在家里，不了解外面的世界（这次咨询师没有陷入被评判的情绪里，而是试着体验）？
>
> 来访者：嗯，我对职场的确挺陌生的，现在怎样求职我都不知道。想到面试，我大脑一片空白。
>
> 咨询师：嗯，那是一种很紧张的感觉吧？
>
> 来访者：嗯，我现在真后悔，当时就不应该全职在家，现在什么能力

199

都没有，我越来越觉得老公对我是失望的，我现在特别担心我们的婚姻，之前他说支持我在家带孩子，但现在我感觉他应该是瞧不起我吧（来访者并不想体验"大脑一片空白"的羞耻感，但却表达了更大的焦虑感，担心自己令人不满意会失去关系）。

咨询师：你觉得如果一时找不到工作，会影响你们的关系（来访者在谈恐惧，而不只是羞耻，这在上一次督导中并未触及，显然咨询师暂时还无法靠近这种感觉，但他并没有去防御，而是停下来多听听）？

来访者：嗯，以前带孩子我是有成就感的，但现在白天在家闲着，我心里很慌。

咨询师：很慌，是一种没有着落或者抓不住的感觉吗？

来访者：就是各种担心，担心老公有外遇，担心自己一辈子闲在家里，担心早晚有一天老公会离开我。

咨询师：我有些懂了，每天一个人在家里应该感到很不安，而且是越想越怕。

来访者：嗯。

咨询师：所以如果能有工作，会让自己踏实些？

来访者：嗯。

在这个片段中，当咨询师承认自己对咨询工作的影响后，来访者减少了防御，并在咨询师能够一起体验时更加地打开自己，直到对恐惧的体验，从对"慌"的体验中了解到了害怕后面的意义，这让咨询师对来访者的理解明显加深了。重要的是，当咨询师不急于干预或解释而是与来访者一起体验时，来访者并不太担心咨询师会笑话自己，而是将自己无助的体验展露出来。

可以发现，一旦进入情境，理解就变得容易了，当咨询师说"每天一个人在家里"时，说明他进入到了来访者的情境中，并体验到了那种不安。一系列的担心说明来访者处在自体感非常脆弱的位置，并且在担心被嘲笑的背后还有恐惧在。咨询师虽然也有焦虑，但和来访者的位置是不同的，他更有信心通过努力找到办法，而来访者陷在慌乱中，在这个时候鼓励只会让来访者产生额外的不安，即自己如果不努力也会让咨询师失望，那将同样失去这段关系，这里的经验组织原则是"如果我没有价值就会被耻笑，并最终被抛弃"。

咨询师在放慢了节奏并陪着来访者一起体验后，让来访者对关系有了一些信心，当来访者感觉咨询师真的"看见了"她的难处并且没有嘲笑她时，恐惧感便可以呈现出来。尽管自体状态的改变或者说建立信心还需要时间，但咨询师在这个位置的陪伴是一种非常难得的自体客体经验，即在来访者以为会被嘲笑或被放弃时，有人愿意去理解、陪伴她而不是催促她，这让来访者感受到希望。

第二节　如何与创伤工作

什么是创伤

某些经历会造成人类的精神创伤，比如战争、流离失所、丧亲、被欺侮、被霸凌，在这些经历中每个人都会有类似的创伤体验，在这些事件发生后，原来确定的、稳定的、安全的生活面貌几乎被永久性地改变，难以复原。另外的一些创伤经历是相对个性化的，它们由持续的、非典型事件中的糟糕体验构成，对经历者而言是创伤性的，而对其他人而言可能不一定会造成创伤。

创伤更多的是一种体验，而不仅仅是事件，尤其是在经历创伤后又被置于孤独无助的境地，失去与他人的情感连接，独自深处痛苦无法自拔，以往在关系里确定的情感连接无法修复等，种种这些构成了创伤体验。**总体而言，创伤体验是一种在关系中动摇自我认同感、失去之前的确定感并无法复原之前的情感连接的痛苦体验，因此创伤是由创伤经历＋创伤后体验＋创伤后形成的认知＋对自体保存和发展造成的伤害构成的。**

美国自体流派心理学家多丽丝·布拉泽斯在她的创伤研究中指出在创伤后病人形成了一种僵硬的经验组织原则，在这个原则下保存了一种缺乏弹性的、脆弱的确定感，病人需要以此来保存他们的精神存活，而以往的有弹性的确定感仿佛再也无法修复了，即那些确信自己是可爱的，在难过或无助时会得到帮助和保护的经验被完全改写了。例如，一个在幼年经历父母离婚，之后就很少再见到妈妈并与爸爸相依为命的人，会接受失去母爱的事实，认定是自己不被妈妈喜欢，自己给妈妈带来麻烦。而此时如果孩子的爸爸也陷入失去婚姻的脆弱当中，那么这个经验组织原则可以维护有限但必要的关系——我不应给爸爸带来麻烦，这样才不会被抛弃。这个经验组织原则会一直留存在之后的关系中，他不会认为自己应该与其他人一样得到父母的爱，而是认为自己不配得到，因为他确信自己是不招人喜欢的。这是一种难以改变的认知，尽管不符合事实，但却是他不得已形成的保护性策略，在创伤体验没有机会修复之前，这个原则将一直保持，尽管深深地影响他的人际关系，但这种保护性策略可以使他避免再次遭遇创伤。

创伤体验

创伤带来的体验包括孤独、害怕、无助、委屈、愤恨等，有时愤恨中掺杂着报复、诅咒，它们又时常与害怕交替出现，这些体验令人感到整个人是破碎的，是一种难以忍受的痛苦。每个人都不愿意触碰这些感受，大部分时间创伤体验都在意识之外，当因某些原因触碰到它时，人们就会确定无误地知道那些伤痛仍在，只是被埋在了很深的地方。

当在咨询中激活创伤体验时，最初来访者的感觉是混杂的、说不清的、触碰后又试图远离的，这说明以往他们的渴望一直卡在没有人看也没有人懂的位置。随着体验的加深，尽管无法还原对过往经历的记忆，但对感觉的记忆会逐渐变得清晰。当在谈话中出现一些强烈的情绪时，比如愤怒、委屈，说明在当下的咨访关系中来访者的感觉是安全的，与咨询师是有情感连接的。但同时还会激活另一类体验：害怕、不安、自责、内疚，而这部分体验是与这个关系里的不安全的连接有关的，来访者担心在体验中自己不被理解，比如，是自己不好、是自己想要的太多、自己是令人嫌弃和看不起的，一旦自己表现出强烈的情感需求，并感觉到咨询师的反应中带有拒绝、不愿回应，甚至责备时，来访者就会陷入这种糟糕的体验当中。而咨询师在无法理解来访者时会暂时难以做出反应，或者仅表达出同情，或者一起进入到难过和愤怒当中同时又感到无助，这些反应会令来访者产生类似以往创伤后的体验，因此咨询过程就会变得复杂和反复。

创伤工作的原理

创伤形成于关系，关系中的核心是保护自体存在与发展的情感连接。之所以形成创伤，是在一些经历中（或事件发生后）来访者没有及时地获得与养育者的自体客体连接，他们的伤痛被忽略、否认，他们的需要被嘲笑、拒绝，而出于保护自体的存活，他们会压抑和否认这部分需要，并以**僵硬但"有用"的**

经验组织原则来应对，然而他们的伤痛并没有消失。

形成创伤意味着自体客体连接的断裂以及为此进行的病理性修复，代价是形成否定性的自我认知，从而产生"内伤"。称之为内伤，是因为它们是持久而深切的，对生活有长远的影响并难以消除。称之为"内"，是因为它们既在深处难以触碰，同时也因此保护了自己不容易被再次伤害。这种伤害可以说是不理解造成的，包括不承认、不相信、不理会，而这些不理解让来访者无法独自面对自己所遭遇的事情。带来伤痛却无人理解的创伤，让人极度痛苦以致产生解离和否认。而心理咨询工作的本质是对那些本该获得理解的渴望予以承认和看见，因此随着工作的深入最终必将触及创伤。然而对创伤的工作无法以改变认知的方式来完成，而是首先要对防御进行接纳和理解，包括理解来访者对恐惧、羞耻的防御以及对欲望的压抑和否认。

要到达这个理解的位置往往需要经历多次的错位和彼此之间的张力，错位意味着咨询师或者处于前缘的位置——渴望被好好对待的倾向，而来访者认为自己的需要是带来不安和令人嘲笑的；或者处于后缘的位置——对获得理解和关爱的需要感到无力和绝望，而来访者渴望被好好对待的倾向一直都在。

例如，一个在婚姻中遭遇丈夫出轨的女性对于是否离婚摇摆不定，而这种摇摆来自咨询中触及到与早年创伤相关的体验。当咨询师可以体会到来访者在婚姻关系发生变化时受伤的感受并给予同调的回应时，来访者会激活被保护和获得认可的欲望。但咨询师会被来访者的摆荡所困惑，因为来访者上次咨询中产生的信心会在这一次咨询中完全消失，从而进入到无力甚至想放弃的位置。咨询师如果还处在前缘的位置，就会感到来访者远离和错位的拉扯。这时只有慢下来进入到来访者的情境中，了解咨询间隔中发生了什么，来访者的体验如何，才能理解来访者可能同时激活了两种纠缠的体验，一种是类似背叛或被欺骗的受伤体验，另一种是自己不好所以对方才会出轨的痛苦体验。而来访者的防御说明她更需要处理的体验是觉得自己不好导致被抛弃的恐惧，而这恰恰是早年创伤未被修复的一种僵硬的经验组织原则所致——"是我不好，不是对方的错"，来访者需要抵御被抛弃的恐惧，因而无法确认自己的需要，即对方出轨让自己受到了伤害。

当咨询师可以逐渐理解来访者的恐惧和防御，就会放慢节奏，在来访者防御的位置给予理解，去和那些恐惧、羞耻的感受对话，只有当来访者相信你不再嘲笑她的怯懦，深深地理解她保留关系的渴望以及终有一天可以走出创伤阴影的无意识需要，咨询关系才会提供一个弹性的空间，让来访者旧的经验组织原则软化，即不再担心自己的各种反应和想法会让咨询师远离自己。渐渐地，来访者会重新认识自己，承认自己的需要，不再以为错在自己，承认发生的一切带给自己的伤害。在持续的理解与陪伴下，来访者在害怕的时候开始有力量坚持自己，期待自己被好好地对待。

创伤工作的难点

在咨询工作中我们首先遇到的难点是来访者所秉持的僵硬的经验组织原则，因此，咨询师首先会对来访者与自己相异的反应或策略感到不解。比如，在来访者叙述了被欺负或被贬低的体验时会说"是自己的问题"，如果咨询师在相应的体验中感觉不舒服，有可能会无意识地干预或站在"正义"的一方，命名那些糟糕的感觉，甚至鼓励来访者表达或坚持自我。但你会发现来访者的感觉是不同的，他们在非常防御的位置，否认自己的需要，并认为是自己的问题，是自己令人不满。对于这种僵硬的经验组织原则，你无法从简单的逻辑推理中获得理解，比如被欺负的感受应该是愤怒和委屈，是他人做错了，来访者认为自己有错是不符合逻辑的。这时越是思考就会越加困惑，一旦试图改变来访者的认知就会遭遇来自"僵硬"的经验组织原则的坚持和抵抗。

对于创伤的理解包括两部分，一个是来访者在创伤中的体验，即对自体破坏的部分，包括自体客体需要在各个维度的断裂；另一个是来访者在创伤后所做的努力。而要理解这两点，咨询师必须回到情境当中，直到那些嵌入的要素不断地清晰，并且要与来访者一起体验，才能靠近来访者的内在，了解他到底经历了什么，从而找到理解的线索。这是一个体验加深的过程，必然伴随着痛苦体验的激活，而处在未理解状态的咨询师无法令来访者感到足够的安全，这便构成了一个理解工作的困境。

我们需要先理解和允许一个人不愿进入和靠近创伤的体验。从动机理论看，创伤会让我们被厌恶动机所驱动，因为人会本能地远离让自己极度不舒服的体验，即那些动摇自体稳定的体验，比如被欺负时的无助和屈辱，被欺骗后的羞耻和愤怒。因此防御和不进入体验是非常正常的反应，尤其当来访者的情感非常强烈时，咨询师会处于暂时来不及反应的状态。但咨询师另外的两个动机会逐渐出现，一个是依恋动机，我们会愿意在来访者痛苦的时候给予同情和安抚，但仅仅这个动机是不够的，还需要另一个动机——探索–坚持动机，而这个动机需要探索动力的启动和不断地加深体验——安住的坚持。安住的坚持，又特别需要另一段关系的支持，即对咨询师给予的支持，这一部分有时来自督导师、分析师，有时来自同行。当缺乏这部分关系时，创伤的工作会更容易处在困难的僵局之中。

在对创伤的工作中，解释产生的作用很有限，而仅有陪伴也是不够的。创伤的修复需要咨询师对来访者在害怕、质疑、抱怨、投射等各种动荡的位置给予理解性的回应，而这个过程无法避免咨询师因做不到理解和理解错位所带来的巨大张力，来访者会不时地抛出各种试探，来确认咨询师是否在嘲笑和嫌弃他／她。咨询师需要体验得足够深，才能意识到并坦诚地承认的确是自己做了什么或没做什么，导致来访者有如此的不安。来访者的投射是有保护作用的，他们需要不断地尝试，确认咨询师不会在中途放弃对自己的理解，让自己再次经历创伤。

　　获得深刻体验的难点在于咨询师对于来访者防御创伤的方式缺乏体验式理解，主要集中在对解离的理解上。解离是应对极度糟糕体验的一种防御，即对自体破碎的抵御。解离让人感觉不到那些糟糕的感觉是自己的，或者感觉肉体和精神是分离的。咨询师很可能没有解离的经验，或者并未意识到解离的存在，因此对于何种痛苦会启动解离的防御机制缺乏了解。或者说，咨询师并未了解自身的创伤是如何影响自己的，他们还未曾有过可以陪伴和理解自己的关系来触碰自身的创伤。因此，在对创伤的工作中让来访者描述他们的感觉经常会遇到困难，例如，当咨询师感到气愤、悲伤的时候，来访者会显得麻木无感，这常常令咨询师困惑不解。

创伤体验的深度

　　创伤体验的复杂及反复加大了体验和理解的困难，复杂是指体验中混杂着多种情感，它们从未被真正地理解过，常常被压抑在表层感受之下，并且非常模糊。

　　例如，一个在学校被霸凌的孩子向父母哭诉自己的委屈，但却招致父母的嘲笑，那些被霸凌的屈辱感会进一步加重。与此同时，被父母保护的期待却无法消失，混杂着期待的屈辱可能会转变成浓烈的恨意，而这些恨意无法指向那些伤害自己的人——霸凌者和父母，因此只能在认知上转向自己，比如认为自己倒霉以及自己没用。这些混杂的情感和认知都会在咨询中浮现，如果咨询师被其中的任何一种感受触动并做出反应，很可能会忽略其他部分，比如屈辱感常常会引发咨询师的愤怒，当咨询师将这种感受传递给来访者时，来访者会感到你在体会他的痛苦。然而这个反应是不够或者说是不完整的，咨询师需要继续体验，了解在这种情况下来访者是如何应对的。例如，来访者的感受是无力和无奈，继而压抑感受、放弃表达，以及产生和上述体验不对等的认知——是我自己有问题。对于这部分的理解需要看到来访者生活中的更多面貌，比如父母的性格、形成创伤时的家境、来访者的自体状态，等等。只有当你进入情境后才能切身感受到来访者所使用的策略（如解离）的必要性，才能更完整地做到情感协调。

我的经验是当我可以体会到无力感甚至绝望感时才真正靠近了来访者，而当我意识到我可以不再抗拒或试图消除这些糟糕的感觉时，才和来访者真正地在一起，明白他们的挣扎和无力，愤怒与绝望。可以说，情感安住不是一直保持在安住的位置，而是无法安住的时候允许自己和来访者有各种反应，同时还有信心回到那些难以安住的位置。

创伤体验的反复是指来访者在愤怒和不安中的摇摆，而这种摇摆是有意义的，随着咨询的深入，来访者压抑的渴望被激活，然而这些渴望往往与愤怒和强烈的不安混杂在一起。在以往的关系里，没有人真正有能力和意愿去弥合他们无法忍受的伤痛，这令来访者反复陷入孤独与内疚当中，担心自己的愤怒会让对方不高兴从而使关系断裂，而对方的不高兴会令来访者觉得是自己做错了什么。这种担心同样发生在咨询过程中，不安让他们退回到压抑的状态，他们会担心咨询师认为自己是懦弱无能的，或者担心咨询师继续让不安的他们表达不满、坚持自我。这种担心常常会让来访者无法承受，因此他们会请假或暂停咨询。

总的来说，创伤的修复工作是漫长的，那些反复的地方既是对关系的考验又是难得的理解机会。反复不意味着来访者放弃了渴望，而是他们需要不断地尝试，不断地被允许，直到他们确认自己的恐惧以及对自体保存的努力被理解。

对创伤的工作

创伤工作遵循的原则

维护自体感稳定的首要原则：尊重来访者的自主性。

共同体验的原则：和来访者一起靠近那些破碎的糟糕体验，在自体客体环境中理解创伤。

情感安住的原则：创伤工作的难点是咨询师要安住在那些令人崩溃的体验中才能完成理解，这个过程既是对关系的考验，又是突破理解屏障的机会。

创伤工作中的主要内容和过程

倾听和陪伴（情感安住）

对创伤的工作需要更多的倾听和陪伴，共同体验是创伤治愈工作的必经之路。例如，在来访者伤心流泪的位置、在难以叙述的位置、在无法体验感受的位置，需要咨询师共同体验，比如各种程度的羞耻感，从尴尬、丢脸、难堪到屈辱，咨询师不能急于安慰和处理，而是需要理解来访者体验这些感受所面临的困难，尤其在那些极度糟糕的感受中安住，与来访者一起去感受才能逐渐体会他们在其中所遭受的创伤。

创伤感受咨询师都在一定程度上经历过，比如，被欺骗、被忽略、被嘲笑、被贬低，它们的程度也许和来访者的体验不同，但带来的感受及产生的意义是相似的，它们都会令自体存在和价值动摇，令情感连接动摇，只是咨询师可能有相对有效的防御。每个人的需要和恐惧、羞耻都是一样的，这个结论使得创伤的理解和修复成为可能。理解的桥梁仍然是感受，只是创伤里的感受需要我们有更大的勇气和信心去靠近它们。

理解（完整地理解创伤的无意识重复与反复的意义）

对创伤的工作难免经历关系的动荡，比如，来访者会否认之前的感受和想法，在表达需要后再次压抑，在触及一些糟糕的感觉后变得情绪化，对咨询师表现出强烈的不满，之后又退回到内疚和不安中；而咨询师自己也在动荡之中，从同情、愤怒到不解、无力，从靠近体验到害怕、回避。难能可贵的是在这个过程中两个人都没有放弃，都可以允许各种感受的出现以及给彼此时间，在复杂和反复的情感中逐渐靠近它们。

理解的核心是那些难以触碰的感受和它们代表的意义，这些感受往往让人难以耐受。因此安住下来并能理解其意义是需要一个过程的，尤其是在错位的地方——即那些来访者用僵硬的经验组织原则去处理的地方——发现并承认它们存在的意义。在不断地理解中，来访者的经验组织原则获得了理解——他们为了保存自我不得不改变认知，去适应无法获得保护和理解的关系，并在创伤后尽力维护自体的生存。另外，咨询师会逐渐发现在那些扭曲的自我认知背后仍然保留着来访者对于情感连接的渴望——被保护安抚、被在乎疼爱、被理解允许。

案例 7-2 ⋯⋯⋯⋯⋯⋯⋯⋯⋯⋯⋯⋯⋯⋯⋯⋯⋯⋯⋯⋯⋯⋯⋯⋯⋯⋯⋯

一个被强迫所累的来访者，既感到身体十分透支又无法停下来，咨询师在询问了他的工作和生活方式后，发现他试图避免所有工作上的错误，并努力做到让自己的女友完全满意。在一次咨询中，来访者讲述最近自己心脏疼痛并有些紧张，咨询师建议来访者去医院检查，并建议他要注意休息。然而来访者并没有接受建议，并说自己觉得没有必要。咨询师感到诧异，觉得来访者应该很期待被安抚和心疼，而来访者的反应让咨询师一时找不到工作的位置。之后在和督导师的讨论中咨询师了解到自己的反移情是强烈的，来访者对自己身体的忽视令咨询师感到愤怒。在讨论中咨询师意识到自己激活了被迫满足他人要求所带来的糟糕体验，觉得来访者的上司和女友都很过分；同时，在来访者表达心脏疼痛时咨询师的内心是不安的，这激活了她父亲因心肌梗死而差点去世带给她的巨大焦虑。督导后，咨询师觉得比之前多了些理解的空间。

在之后的一次咨询里，来访者一开始看上去很平静，说暂时没有什么可说的。但咨询师还是觉察到来访者的眼神里有一些不安，于是询问这一周过得怎么样。来访者讲述了自己非常矛盾的心态，一方面觉得咨询师是关心自己的，另一方面自己的感觉却不太好。咨询师坦言自己希望看到来访者可以允许自己停下来，并表达了自己的确有些过度担心，并承认来访者的感觉很可能是不同的，于是请来访者多讲讲他自己的感受和想法。来访者说自己已经习惯了，停不下来，觉得自己只有做到令所有人满意心里才踏实。

咨询师：我建议你去医院检查，让你想到了什么？

来访者：我很后悔上次说了心脏疼的事，觉得很丢脸。还有这个提议也让我陷入了恐慌，如果我真的有心脏病，会令所有人失望，我会觉得自己太没用了。

咨询师：你感到恐慌，但不是担心自己的身体，而是担心别人知道了会对你失望？

来访者：是的。

咨询师：你不可以生病吗？生病明明是需要人关心的呀。

来访者：我并不需要啊，来咨询也是希望你能帮我调节情绪，你为什么把我当成病人啊？

咨询师："病人"怎么了？

来访者：我讨厌这种感觉。

咨询师：是一种比别人弱的感觉吗？

来访者：不只是弱，（停顿了几秒钟）是"废物"。

咨询师：废物？为什么这样说？

来访者：这是我爸经常说的话，实际上我小时候体质比较差，经常感冒发烧。

咨询师：你父母会带你看病吗？

来访者：会，但是他们总因此吵架，互相埋怨，我觉得都是我的错。

咨询师：这怎么能怨你呢？

来访者：是我太没用了，别的孩子都不像我这样。

咨询师：尽管你生病会给父母带来麻烦，但你更应该被心疼啊。

来访者：难道你不笑话我吗？

咨询师：当然不会。

来访者：是吗（可以看见他眼神里隐隐的感动）？

回应（提供不同的自体客体经验）

在上述对话的最后两句里，咨询师很确定地给予回应，而不是解释。如果解释，会说类似的话："你无法相信我会和你父母不同，理解你而不是笑话你。"虽然这样的解释在呈现来访者的内在不安，但显然来访者的问题"难道你不笑话我吗"里包含着自体客体的无意识渴望——有人可以用有一种不同的态度看待他的渴望，因此"当然不会"坚定地回应了这个渴望，让来访者在新的关系中感受到被允许和看见，他的羞耻感很可能因此减弱从而不再成为他继续表达的障碍。

在不断地回应中，来访者的经验组织原则将会发生改变，即无论他们的状态如何，如崩溃、愤怒、绝望、恐惧，咨询师都不会离开他们，既不急于处理也不会逃离，而是选择一起面对，理解彼此之间发生了什么。回应不仅是语言上的，很多时候也可以是态度与行动上的回应，即当来访者带着不安进行了各种表达后，咨询师不是置身事外地做一些解释，而是在理解之后做出反应。

当创伤被修复后

创伤的修复会让来访者有更多弹性的心理空间，容纳更多的不确定感，不再掉入对羞耻和恐惧的防御中。尽管来访者仍然会有这些感受，但他们会改变以往对自己的认知，开始相信自己是重要的，不可以再次被伤害，自己的要求是正常的，是可以被理解和获得关爱的。

最后，分享一位经历过创伤的来访者在我们咨询很久后告诉我的话。

我曾经被嫌弃，但我现在相信我是应该被爱的；

肥胖让我一直羞于见人，但现在我可以正视那些异样的眼神，我是一个普通人，和别人没什么两样；

我曾经被霸凌，但这不是我的错，我不会再让这样的事情发生。

第八章

咨询中的常见问题

第一节　有关工作框架和思路的问题

如何找到工作框架

在督导工作中，咨询师经常希望我能分享经验和予以指导，但这需要我先弄懂咨询中遇到的困难和形成的原因，否则，我分享的经验对咨询师不一定有帮助。在阅读逐字稿时，我需要做的并不是告诉咨询师哪句话应该怎样说，而是先弄懂咨询师为什么这样说。每个咨询师都是不同的，每个咨询过程也是独一无二的，因此督导工作需要我进入咨询工作情境中去体验，在与咨询师的互动过程中了解他和来访者之间发生了什么。通常我会和咨询师一起回到来访者的表述中，体会他们在表达什么，咨询师听到了什么，忽略了什么，并询问咨询师当时的想法和感受。一起讨论咨询中浮现了什么感觉，并进一步体验它们，了解其意义和命名感受，一起讨论现阶段工作的位置更倾向于防御还是渴望的激活，防御的是什么糟糕的感觉，代表着什么意义，激活的渴望又是什

215

么，是某一种还是同时有几种，等等。

可以说，咨询工作遇到的问题往往与咨询师的无意识主题有关，因此分享和指导并非简单地告知其应该怎样做，而是与其一起发现咨询中无意识的位置——咨询师的和来访者的，然后一起体验那些还不清晰的无意识主题。当咨询师可以进入无意识的深度去靠近来访者时，那些关于工作没有着眼点、不知道来访者在说什么、来访者不谈感受、咨询卡住、担心来访者脱落等问题就变得清晰而有思路了。

心理咨询工作既是沉浸式的，又需要在体验中有所觉察和反思。咨询师在督导中询问的问题常常与缺乏整体工作框架有关，因此首先需要我们有一个整体的思路和线索，再去判断它们属于哪方面的问题。这些问题通常涉及以下内容。

来访者的症状意味着什么？

来访者的痛苦是什么？怎么形成的？

咨询工作的完整过程是怎样的？

咨询师做了什么会让来访者好转？

彼此之间的动力意味着什么？

什么时候发生了移情？

来访者对咨询师的需要是什么？

上述问题中一部分是对心理现象的困惑，另一部分是对心理咨询工作原理的困惑。咨询工作无法顺利进展，往往意味着咨询师还无法回答这些问题，而这些问题是否逐渐有了清晰的答案意味着能否找到工作的线索以及明确的工作方向，所以无论咨询进行到了哪个阶段，都需要咨询师时常想到这些问题。

回答这些问题与经验的积累有关，这里的经验是指深度体验（共情）的经验，或者说与无意识工作的经验。有时没有意识到或者无法回答这些问题意味着咨询师的工作还停留在思考层面，没有太进入体验，即没有触及无意识，所以往往会在症状、人格模式、现实问题中打转。

　　例如，"什么时候发生了移情"这个问题的清晰意味着了解工作机会、工作方向以及对工作深度的把握。如果咨询师以思考的方式工作，往往会忽略这个问题。在移情最初浮现的时候往往有更多无意识的特征，如果不去好奇、关注，进而展开、体验，那么咨询师会错过对移情的发现以及解释与回应的工作。这里的移情可以是自体客体移情，也可能是重复性移情。我们需要一边听来访者的讲述一边好奇他在讲什么，为什么讲这些，他此刻的内在体验是怎样的，他讲这些的同时在期待着什么。这些好奇更需要无意识的参与，即更多地进入到情境中去感受，捕捉和放大那些未曾显明但已经出现的无意识内容。

　　再举个例子，当来访者在咨询中表述"人不应该依赖他人"时，咨询师最初的感觉可能是来访者处于防御的位置，但这里是否隐含着无意识的渴望呢？咨询师需要不急于和来访者讨论这个观点的正确性，而是好奇来访者为什么要表达这个观点，是被他人拒绝后很失望吗？还是讨厌被他人依赖？又或者是在与咨询师的关系里表达着什么？不想依赖咨询师？是之前怎样的互动让来访者表述这个观点？来访者是在表达对羞耻感的防御吗？在来访者表达时咨询师看上去显得严肃或者冷漠吗？

　　带着这些好奇，咨询师不需要急于找到答案，而是让来访者感到你听到了什么——即他想要讲述更多、但自己也不太清楚要讲什么的那些无意识表达。咨询师可以询问一些展开的问题，例如"他人是指谁？可否讲个例子""依赖的感觉是怎样的"。随着展开工作的进行，来访者可以有机会在情境中体会到某些重要的感受，比如被拒绝带来的难过和羞耻，以及因此难以确认自己的需要是正常的，应该被看见和被理解。当咨询师穿透羞耻看见来访者的这些渴望时，自体客体移情就产生了，来访者表达的并不是观点，而是一种隐含的无意识需要，即在关系中的受伤体验以及背后的渴望。而当未做展开和深入体验时，咨询师无法意识到来访者的观点背后除了有对创伤的防御，还有一种在新的关系里的无意识渴望，那么移情就无法发生。而当来访者感到咨询没有促进对自己的理解时，会再次发生重复性移情，即浮现的无意识需要会再次被压抑。

这种通过体验来觉察的方式可以让咨询师明白工作中的问题出在了哪里，尤其是了解自己的无意识。为什么当来访者提到"依赖"的时候自己没有停下来，这个词带给自己的体验是怎样的，是不舒服的吗？是不愿靠近的吗？是模糊的吗？我建议不要太快地回答这些问题，而是设想或回忆一个相关的情境——与某个人，因为某件事，彼此发生了什么，体验如何？意义如何？这个过程如果可以启动并渐渐完成，再回过头与来访者工作就会变得容易。如果无法完成，也可以允许自己暂时做不到对这部分的理解，但不去防御，或者能看见自己的防御，这些都会对咨询工作有所帮助。

如何把握工作节奏

波士顿变化过程研究小组在对咨询过程的大量研究中发现了**松散性**（sloppiness）存在的必要性，也就是说理解的过程并不是一直在做理解工作，那些看上去不那么有主题的、不知所云的对话的存在是必要的，是促成最终理解的重要前提。可以说，心理咨询是一种特殊的谈话，虽然有时看上去是松散的但浮现的却是无意识的主题。松散并非漫无目的，而是一种彼此信任的主体间场——相信一定有什么重要的东西存在，但又需要耐心寻找，这种态度才能提供一种自由联想的氛围。咨询师并不需要确认什么时候是松散阶段，什么时候到了相遇时刻，而是充分允许自己的无意识与来访者的无意识不断地碰撞、错过、远离、相持、靠近、相遇，这是一个自然而不可预期的过程。

咨询师的工作，比如解释或回应、沉默或干预，有时对表达和理解有促进，有时会有阻碍，重要的工作原则并不是保持工作的正确性，而是可以理解这个过程里发生了什么。节奏的变化提示很多重要的意义，当发现了这个规律时，也会理解移情的位置和变化。

例如，面对一个对工作失误有强烈焦虑的来访者，咨询师可能会试图理解其焦虑的背后是什么，而且希望来访者可以谈谈焦虑中的感受，那么工作的节奏会较快地进入到体验的环节。咨询师在理解后可能会解释给来访者，比如，焦虑的背后是担心自己是令人失望的，这与早年父母的严苛有关。来访者似乎明白了自己的问题，但也可能会问咨询师"那我该怎么办呢"。而咨询师可能还没有准备好怎样回答，或者很可能还未想清楚这个问题，那么咨询的节奏就会变慢，甚至会徘徊在这个位置相当长的时间。这时我们需要做的是理解来访者当下感受到了什么，自己作为咨询师听到这个问题后感受到了什么。是来访者着急变得好起来吗？自己作为咨询师会着急给一个答案吗？实际上这里需要更缓慢的节奏，去体会"令人失望"的感受里可能存在的恐惧和羞耻，也就是说焦虑的症状无法在理解后消失，而是需要一直存在以抵御糟糕体验的发生，直到恐惧和羞耻消失，这需要咨询师陪伴来访者一起体验，反复多次地允许并倾听这些糟糕的感觉。

我在督导中经常会遇到有关咨询节奏的问题，有时因为卡在一个地方比较久，咨询师和来访者都会着急，来访者开始感到沮丧，对未来茫然；咨询师则感觉无力，对自己失望，觉得帮不到来访者。对此首先需要了解的是体验的深度和内容，通常咨访双方都卡在渴望变得自信同时又担心丧失关系中的信任的冲突中，而在这种体验中很可能双方都需要防御无力或无能带来的羞耻感。一旦了解了咨询中遇到的困难，就会理解这个过程需要放慢节奏，回到体验中，了解彼此当下的感受。当有勇气面对和理解那些糟糕的感觉时，咨询就跨入了另一个阶段，即咨询双方因理解而不再过度地防御，彼此都更容易进入真实的体验。

可以说，咨询节奏的问题应该转换为理解咨询过程的问题，只有理解了才能知道应该做什么。咨询师的焦虑和来访者的停滞不前都是有意义的，当彼此可以渐渐体验到这个共同经历的过程创造了一种新的关系，即可以容纳以往无法面对的东西，包括来访者的需要以及由此带来的不安时，咨询师将越来越了解咨询节奏的变化规律以及在不同的节奏下做什么。

工作深度的问题

咨询工作没有进展往往与工作深度问题有关。有时是浮在表面无法深入，有时又因过快地解释将视角从深入的位置拉回到浅层位置，有时尽管在谈论感受，但却没有体验。这一类问题通常会出现在下列工作情境中。

- 陷入到现实问题
- 陷入与症状的纠缠
- 单一地回应自体客体需要
- 卡在恐惧和羞耻的僵局里

这里的关键通常是咨询师没有启动体验，或者无法与来访者一起完成体验的过程，即无法靠近无意识，由此很难将工作的深度下沉到理解来访者在表达什么，需要什么。

例如，一位因发现丈夫出轨而纠结是否离婚的女性来访者，非常希望咨询师帮助自己做出选择。咨询师虽然知道这不是自己的本职工作，但却苦于如何将这个现实问题转化为心理问题，尤其在来访者焦虑无助的时候，咨询师常常会从无意识的体验中浮到表面，去急于处理关系中的张力。理解来访者以及咨询里发生了什么需要回到当下来访者所处的情境中去体验，在体验的过程中，咨询师会发现来访者正在体会某些糟糕的感觉，所以才急于获得处理现实问题的掌控感，而对此的领悟需要慢下来，逐步完成如下工作：举例子、展开、体验感受、命名感受、确认感受的意义。例如，就"如何得知丈夫出轨，当时的感受如何"进行展开工作时，来访者可能会掉进愤怒的情绪漩涡，咨询师也可能激活背叛受伤所带来的反移情，这时很可能已经来到理解来访者被伤害、被忽略的感受的位置，而来访者也会因被理解而感到委屈和更加愤怒，从而再次回到是否离婚的话题中。咨询师只有看到来访者在"离婚"的态度中的无意识表达，才能知道如何开展工作，这需要启动体验，就"离婚"的想象展开。询问来访者想到了什么，感受到了什么，从而有机会触及"被伤害"的下面是什么——被否定、不被喜欢，甚至嫌弃等糟糕的感觉会渐渐浮上来，而这个过程非常需要咨询师的参与，与来访者一起想象在背叛的关系中的体验。

　　来访者遇到现实问题是一次了解自己的机会，在冲突中，那些渴望与恐惧和羞耻都处于激活和防御失效的状态，咨询师需要陪伴来访者一起体验那些强烈的感受，例如，背叛、欺骗、侵入、剥夺、利用、欺辱、嘲讽、嫌弃、自卑、恐惧、无能感、迷茫，等等，它们与自体客体需要密切相关，比如，被认可和欣赏的需要、被承认和接纳的需要、被理解和支持的需要。当我们可以体会并穿透那些糟糕的感受，理解它们来自早年良性的自体客体关系的缺乏，并在这些糟糕的感受出现时识别和一起体验，就会在这种新的自体客体环境中让一个虚弱的自体逐渐变得结实——了解自己的需要，了解自己糟糕的感觉是什么，来自哪里，以及不再觉得羞耻、害怕被嘲笑和嫌弃，而是相信自己可以被理解和变得好起来。

　　可以说工作的深度问题影响着咨询进展的完整度，意识到这个问题的咨询师会将关注点放在来访者的自体客体需要上。无论经历怎样的过程，我们都确信这是一个必要的、必然经历曲折和反复的过程，有时进展相对顺利，有时会持续多年，总之，对于无意识的理解不是一个单纯的探索过程，而是咨询师与来访者两个人与重要的心理主题不断碰撞的过程，在这个过程里仅有理解还不足以完成工作，还需要两个人在体验的过程中共同经历内在的改变，从害怕、隔离到体验、安住，不仅要跨越糟糕的体验，还要最终看见那些被忽略、压抑的渴望，并带着这些渴望走向自体发展的更多可能。

单方面地探索来访者的问题

我经常建议咨询师放弃所谓的工作目标，而是先沉浸在体验中，再逐渐发现来访者在关系中的需要。那些看上去需要解决的现实问题需要被转换成心理问题，即把着眼点放在来访者的无意识主题上，以及关注这些主题在关系中是怎样呈现和形成的，这需要通过不断的互动，在彼此的关系中让工作目标自然而然地呈现。在主体间视角下，没有什么预设的、必然的问题等待我们发现。

但是由咨询师发起的单方面探索却是普遍存在的，当不理解来访者时，咨询师常常会觉得是自己经验不够，或者来访者不配合咨询，因此督导时的目标常常是想弄清楚来访者怎么了。

事实上，我们需要把探索"来访者怎么了"转化成另一个问题——咨询师和来访者之间正在发生什么。这不是一个需要争论对错和探究如何改正的问题，而是一个关乎理解或不理解的问题。当我们放下想弄懂来访者的探索意愿，先承认我们的工作不是为了完成我们的探索任务，而是让来访者获得理解，并经历一个被理解的过程时，我们就会慢下来，进入到来访者的情境中体验，并关注每个当下的互动中发生了什么，比如我说了什么或做了什么致使来访者有这样或那样的反应，或者来访者说了什么或做了什么让我有这样或那样的反应。这需要咨询师看见自己的无意识需要，即对获得胜任感的渴望，并允许自己慢慢来。

对来访者的理解需要咨询师观察、体会互动中呈现了什么，比如来访者激活了什么渴望，还是在防御什么。例如对防御的理解，回到互动的情境，来访者防御的背后是担心吗？担心我不理解他？我是怎样回应他的以至于他会担心我不理解他？他担心被嘲笑吗？被嘲笑对他来说意味着对他的否定吗？他渴望我怎样理解他？理解意味着看见他的努力？看见他的不放弃？还是看见他有自己不同的想法但没有信心坚持？这些问题的答案来自体验的加深，互动的加深，所以说我们并不需要单方面的探索，而是要在与来访者的互动中与他一起寻找意义。

第二节　临床中的具体问题

关于展开的工作

关于展开的工作通常有如下三种情况。

不知道怎样展开

事实上无论来访者怎样表达，我们都有机会发现在他们的语言中隐含着什么，哪怕他们没有用到任何与感受直接相关的词汇。因此，如果不知道怎样展开，问题往往出在咨询师还没有启动体验，仍然在以等待的状态由来访者单方面地进入体验。而展开是指向无意识的，是对那些不能进入到意识的部分所做的工作。因此咨询师需要进入到来访者的情境中，设想来访者的无意识可能在表达什么，从而提出一些促进展开的问题，这些问题通常可以让来访者有更多的自由联想。因此咨询师不应让来访者直接回答那些暂时无法面对的问题。展开可以就情境中的任何要素开始，实际上这也给咨询师靠近无意识创造了空间。

进一步的展开可以就那些表达中隐含某种体验和意义的词汇进行提问，我在个案报告的逐字稿中发现了很多这样的提问机会，但咨询师在当时并未意识到这些工作机会。当回溯当时的状态时，往往会发现咨询师的体验并未启动，或者有体验但并未准备好去询问和深入工作。我常常建议咨询师可以先慢下来或停下来，看看来访者被询问后的反应。如果来访者可以深入体验，咨询师也随着来访者去靠近那些感觉；如果彼此都无法有更多的展开空间，也没关系，这很可能说明有些糟糕的感受存在，彼此都需要更多的时间和机会。

咨询师过快地解读往往会失去展开的机会，比如来访者使用了一些表达感受的词汇，咨询师随即将自己的理解反馈给来访者。表面上看这是在表达理解，但我们知道被理解是一种体验，是一个过程，需要咨询师进入到来访者的情境中，以他的视角和历史背景来理解是什么感受和代表什么意义。而过快的解释很可能意味着咨询师在用思考和经验工作，并未进入体验。对于这种情况咨询师不应被责备，我更愿意向咨询师反馈，我看到了他愿意理解来访者的共情姿态，并建议他留意自己的解释带给来访者的感觉，也包括自己的感觉。当咨询师真正理解到来访者时，感觉是很不一样的，相遇时刻是一个细腻和不可简化的过程，我们需要不断地询问"再说说……""这是难过或委屈的感觉还是其他什么感觉？"

忘记展开或展开不够

当咨询师将自己的理解反馈给来访者时，接下来要重点关注来访者在听到解释后的反应，如果来访者未置可否，或者嘴上认同，但眼神里传递出好像有其他的想法和感觉，就需要咨询师意识到可能还没有做展开工作，或者展开得不够。这时就需要咨询师停下来，询问来访者的感受和想法，再次回到情境中体验，在体验后确认自己是否理解了来访者。

展开不够的问题有时意味着咨询师遇到了一些难以体验的感受。 往往在督导的讨论中才会发现咨询错过了什么，比如，咨询师会说"当时没有想太多"，或者以为自己已经理解了来访者。当放慢节奏回到当时的互动情境时，咨询师会体会到自己对来访者多了一些理解，的确有些模糊的东西存在。

一位咨询师在案例报告中呈现了与有童年创伤的来访者的工作，这是一个童年被寄养、经常被忽视嫌弃、现在已经结婚生子、工作稳定的来访者，她常常会在亲密关系中因为小事有强烈的情绪反应。在来访者讲述童年经历时，咨询师感受到来访者的孤独无助，并反馈到"父母太忽略你了，很难想象那么小的你是怎么过来的，真是太不容易了"，有时会陪着来访者落泪，有时也会流露出对其父母态度的愤怒情绪。咨询师感觉来访者是愿意向自己倾诉的，自己对来访者的孤独、委屈、愤怒是同调的。在亲密关系中，咨询师发现来访者同样也会因为丈夫缺乏对自己的关心而愤怒，因此给予了类似的解释和回应："他看不见你的需要，因此会让你感到很愤怒。"，但咨询师觉得来访者在听到这句话后的反应与在谈论童年创伤时的反应不同，似乎还有什么尚未被确认，咨询师不知道怎么与这个部分工作了。我和咨询师一起浏览了逐字稿的相关片段，发现来访者讲述了一些细节，但咨询师并没有继续展开。

来访者：他为什么这样对我（气恼地）？

咨询师：发生了什么？

来访者：我特别生气，我想报名参加一个心理学的课程，本来之前和我老公讲过，他说可以，结果昨天我要付钱时他却说这个课程贵，不值得。我问他为什么要拦着我学习，他说没有。我觉得他是心疼钱吧，于是我们吵了一架。

咨询师：他说贵的时候，你会感觉他是不愿意让你花钱的。

来访者：是，我觉得自己好像不配。

咨询师：可是你是想学习进步的，而他并不理解你的需要。

来访者：为什么我的要求就这么难实现（陷入气愤中）！

……

我问咨询师当来访者说"不配"的时候咨询师的感觉如何，咨询师说当时没有什么感觉，只是认为来访者想学习的愿望应该得到支持，因此想让来访者坚持表达自己的需求，但发现来访者只能表达愤怒，自己也只能体会到愤怒的情绪，无法再深入理解愤怒的下面是什么了。我建议咨询师再次回到来访者讲述"课程贵"的地方试着体会下，咨询师感觉到有种被责备带来的不安，似乎做错了什么。我和咨询师一起体会"做错了"的感觉，觉得这种感觉可能包括缺乏判断力、冲动消费、学了以后没有用、浪费钱，等等，咨询师发现这些感觉当时完全没有触及。虽然自己也好奇是什么课程？多少钱？为什么她的丈夫会说贵？但这些都没有展开。我和咨询师一起命名了这些感受，发现它们基本上属于被否定、被贬低的一类，的确让人感觉不好。而咨询师之前的解释"他看不见你的需要，因此会让你感到很愤怒"显然有些快了。

如果想进一步进行展开工作，则需要咨询师试着在"不好"的感觉里多些体会。

展开后无法深入

我时常被咨询师问到的问题是在命名来访者的感受后不知道该做什么，我发现这个问题的背后有咨询师对工作框架的模糊，也可能意味着咨询师并未进入到体验当中，即没有安住在其中。例如在上面的案例中，当咨询师体会糟糕的感觉时会在渴望和防御的交战中停滞或滑走，因为这些感觉也会动摇咨询师的自体稳定感，来访者"做错了"的体验会让咨询师为难，既不能简单地安抚"你没有错，你就是想学习进步"，也不能站到来访者的对立面，认为来访者的确存在问题。这两个位置都无法完成理解，而是需要沉入到更深的体验中，在既痛苦又无法逃离时才能领悟到它的意义。例如，一位咨询师告诉我和抑郁的来访者工作时感受到无力感，我会反馈这意味着咨询师在靠近来访者的感觉，如果不去挣脱这种感觉而是进一步与来访者一起体会，就会让来访者感受到被理解了，因为以往他身边没有人愿意靠近这些感觉。

对于咨询师而言，在与来访者一起体验的过程里非常需要获得帮助，咨询师和来访者都需要有人看到他们没有放弃的可贵。我的经验是咨询师非常需要同行之间的自体客体支持，有人和自己一起体验，一起触碰那些糟糕的感觉，例如，对恐惧、被贬低、被耻笑、被羞辱、被欺辱、被剥夺、被嫌弃、被抛弃、无助、孤独等非常不舒服的感觉的体验。当一个人独自去体验这些时通常会设法从中逃离出来，而无法逃离的人则会感受到自体被侵蚀的极度痛苦。因此，分享往往是从痛苦的感受开始的，当我们承认可以感受到痛苦，彼此间的自体客体连接就开始建立了，而这种连接会带来相对安全的空间，来访者不会担心像以往那样无人理解，而是体验到并非只有自己这样，并非是自己有问题。

我在个人督导和团体督导中发现咨询师的很多压力来自担心自己的能力不足，所以督导目标常常是怎么理解来访者或者应该怎样工作。**但在这些目标的背后是他们和来访者有类似的需要，即不被评判和自己的努力被看到的需要。**因此我更愿意和他们一起体验，这是一个什么样的来访者，在期待什么和害怕什么，在咨询时咨询师感受到了什么，遇到了什么困难。那些更深、更难触及的感受是人类共同的挑战，我们要先接受它们才可以穿透它们。因此当我们触碰到咨询中的各种感受时，可以害怕，可以羞耻，可以逃走，可以停滞不前。

当我们可以逐渐安住在这些感受中时，就会发现它们都代表着非常清晰的意义。没有人是应该被忽略、被嘲笑和欺辱的，羞耻与恐惧虽然与一些具体的经历有关，比如犯错或者失败，但巨大的羞耻和恐惧体验通常来自关系中糟糕的回应，来访者为了保持自体的稳定不得不退到改变对自己认知的位置，不再确信自己的感觉和想法。

反移情的工作视角

在主体间性视角下，反移情已不再是需要去处理的个人议题了，而是帮助咨询师了解咨询中触及了什么感受的线索，从而进一步理解来访者。反移情意味着咨询中有某些强烈的情感出现，让咨询师暂时无法回到理解的位置，而这种情况虽然与咨询师的个人议题相关，但理解它们的意义要远远大于去处理或解决它们。

我在督导中经常遇到被来访者表达不满的咨询师陷入自责当中，急于获得帮助或找到自己的问题，但这个时候往往需要慢下来，看看咨询的过程和来访者表达了什么。通常咨询师在陷入反移情后，没有空间再去体会来访者的不满中呈现的自体状态以及代表的意义，而来访者一直处于没有被真正理解的状态，因此会持续地表达不满。需要注意的是咨询师虽然会被反移情中的糟糕体验所限制，暂时失去了回到来访者世界的弹性空间，但并不意味着这些情感需要解决和处理后才能工作，与此相反，当允许它们存在时，咨询师就可以将这些情感作为线索，回到理解来访者的工作视角。

在一次督导中，咨询师告诉我在休假后被来访者抱怨，来访者说在自己最需要咨询的时候咨询师去休假了，而且在表达里充满了委屈，咨询师对这种反应完全没有准备，因为咨询师在向来访者请假时并未感觉来访者有什么困难和情绪。但来访者的不满让咨询师感到愧疚，觉得自己去旅游而抛下了来访者，于是向来访者诚恳地表达了歉意，但来访者的情绪一直很强烈，一整节咨询都在哭泣，而咨询师除了感到内疚不知道还可以做什么。

在督导中，咨询师向我表达了自己的内疚和无助，并希望我传授经验，告诉她如何去处理这种张力。我发现咨询师很希望让来访者的情绪得以缓解，而不是了解来访者在自己度假期间经历了怎样的过程，期间的糟糕感觉是什么，这说明咨询师此刻被来访者的情绪淹没，陷入到自己做错了什么的困境中，希望能让来访者满意，以摆脱自己强烈的内疚感。我知道这是一个在意来访者感受并希望可以帮助来访者的咨询师，她只是失去了工作的视角。为了帮助她整理思路，我们有了如下对话。

　　我：你可以感受到来访者的难过，对吗？

咨询师：是的，我也很自责。

　　我：嗯，休假前你们的关系的确是稳定的。

咨询师：是啊，没想到休个假起了这么大的波澜。

　　我：你希望可以回到之前的关系状态，她对你是满意的，可是你知道她对什么不满意吗？

咨询师：在她最需要我的时候我去休假了。

　　我：她哭得很厉害，当时你是什么感觉？

咨询师：我不知道可以做什么，觉得她的情绪好强烈啊，好像我做了特别不好的事。

　　我：你只是去休假了，但来访者的反馈让你感觉这是一件很不应该做的事。

咨询师：是，为什么她有那么大反应呢？

　　我：我们来看看她怎么了，以至于你会因休假而自责，似乎你需要承担一个很大的责任，那是什么呢？

咨询师：我应该在她需要的时候在场。

  我：你能试着感受下你不在的时候她怎么了吗？

咨询师：她很无助吧，以前她会向我倾诉，但这两周只有她一个人面对。

  我：嗯，你觉得下次可以和她聊聊在你休假时她是怎么过的吗？

咨询师：我想是可以的。

  咨询师有强烈的自责，这与来访者的持续哭泣有关。来访者正在表达着某种难过却无法说清楚的感受，这与她在咨询师休假前表面的平静是一致的，即她还无法清楚地知道和表达自己的需要，也许这些表达会带来羞耻感。而这次咨询师的休假显然激活了一些来访者无法防御的感受，并混杂着表达需要可能带来的羞耻，来访者还难以告诉咨询师她的真实感受，例如，"我很难受，为什么没有人帮我""是我不好，谁会在乎我呢"，虽然这些感受来访者还说不清楚，但面对那个曾经愿意陪伴、倾听和理解自己的咨询师，她的情绪是流动而不是压抑的。但无助中混杂着的羞耻感显然太过强烈，她处于渴望和不安的纠结中，既希望像以前那样被咨询师在乎，又不知道咨询师会怎样看待无助中的自己。咨询师的道歉一定程度上会安慰到来访者，但来访者真正需要的并不是道歉，因为咨询师并未做错什么，来访者需要的是咨询师能够体会自己不在的时候来访者可能感觉很糟糕，而她还无法真实地表达。咨询师应在感到歉意的同时回到体验的位置，去感受一直在哭泣的来访者可能正在经历着什么，当咨询师可以尝试将自己的猜测（在自己休假时来访者只能一个人面对，应该很难受）回应给来访者时，理解的过程就开始了，来访者将会获得继续表达的勇气和信心。

后记

AFTERWORD

我听过很多同行讲到他们被自体心理学的理念打动，并很想成为这个流派的咨询师，但却和最初的我一样无法实现理论到实践的跨越。当我找到共情这个思路并不断地与来访者和被督共同体验后，我越来越有信心看到这个跨越是可以实现的。

人们并不是不愿分享彼此的感受，而是需要些勇气去突破阻挡我们内心的障碍，发现在那些对被拒绝和嘲笑的担心背后是我们每个人都有的类似的被理解的渴望，而自体心理学正是这样一个强调深刻理解并有着清晰框架的学说。我很愿意把我的思考和实践经验分享给大家，就像我每天和来访者以及被督的工作一样，在感受中找到内心的需要，这本身就是一件令人满足和有意义的事情。

参考文献

[1] Doris Brothers. Toward a Psychology of Uncertainty: Trauma-centered Psychoanalysis[M]. New York: Taylor & Francis Group, LLC, 2008.

[2] George Hagman.Self-Agency: Context and Freedom in Psychoanalysis[J]. Vancouler: IAPSP 41th, Conference,2018.

[3] George Hagman, Harry Paul, Peter B. Zimmermann. Intersubjective Self Psychology: A Primer[M].New York: Routledge, 2019.

[4] George Hagman, Susanne Weil. From Repetition to Renewal: Fear and Longing in the Psychoanalytic Relationship[J].Psychoanalysis, Self and Context, 2018: 13(2): 149-159.

[5] Heinz Kohut. The Restoration of the Self [M]. New York: International Universities Press, Inc., 1977.

[6] Heinz Kohut, Ernest S. Wolf. The Disorders of the Self and their Treatment: An Outline[J]. International Journal of Psychoanalysis, 1978(59): 413-425.

[7] Joseph D. Lichtenberg, Frank M. Lachmann, James L. Fosshage. Self and Motivational Systems: Toward a Theory of Psychoanalytic Technique[M]. New York: Routledge, 2016.

[8] Joseph D. Lichtenberg, Frank M. Lachmann, James L. Fosshage. Narrative and Meaning: The Foundation of Mind, Creativity, and the Psychoanalytic Dialogue [M]. New York: Routledge,2017.

[9] Joshua R. Burg. A Therapist's Fallibilism and the Hermeneutics of Trust[J].Psychoanalysis, Self and Context, 2018: 13(3): 272-287.

[10] Judith G. Teicholz. Marian Tolpin: Forward Edge Thinker, Clinician, and Teacher[J]. International Journal of Psychoanalytic Self Psychology, 2009:4 (S1): 47-54.

[11] Jule P. Miller. How Kohut Actually Worked[J]. Progress in Self Psychology, 1985 (1):13-30.

[12] Nicola Barden, Tina Williams.Words and Symbols: Language and Communication in Therapy[M]. New York: Open University Press, 2007.

[13] Peter A. Lessem. Self Psychology: An Introduction[M]. Lanham: Jason Aronson, Inc., 2005.

[14] Peter Buirski, Pamela Haglund. Making Sense Together: The Intersubjective Approach to Psychotherapy[M].Lanham:Rowman & Littlefield Publishing Group, Inc. ,2001.

[15] Peter Shabad. The Forward Edge of Resistance: Toward the Dignity of Human Agency[J]. Psychoanalytic Dialogues, 2020:30(1):51-63.

[16] Richard A. Geist. The Forward Edge, Connectedness, and the Therapeutic Process[J]. International Journal of Psychoanalytic Self Psychology,2011: 6(2): 235-251.

[17] Robert D. Stolorow, George E. Atwood.Contexts of Being: The Intersubjective Foundations of Psychological Life[M].New York:Routledge, 1992.

[18] Robert D. Stolorow, George E. Atwood, Donna M. Orange.Worlds of Experience: Interweaving Philosophical and Clinical Dimensions in Psychoanalysis[M].New York: Basic Books, 2002.

[19] Robert D. Stolorow.World, Affectivity, Trauma: Heidegger and Post-Cartesian Psychoanalysis [M].New York: Routledge, 2011.

[20] Robert D. Stolorow.A Phenomenological-contextual, Existential, and Ethical Perspective on emotional Trauma[J].Psychoanalytic Review,2015:102(1).

[21] Robert D. Stolorow, Bernard Brandchaft, George E. Atwood. Psychoanalytic Treatment: An Intersubjective Approach[M]. New York:The Analytic Press, 1995.